职业技能培训系列教材

电子装接工基本技能

刘 培 主编

中国林业出版社

图书在版编目（CIP）数据

电子装接工基本技能/刘培主编．—北京：中国林业出版社，2009.7(2019.3重印)
（职业技能培训系列教材）
ISBN 978－7－5038－5639－6

Ⅰ.电… Ⅱ.刘… Ⅲ.电子技术－技术培训－教材
Ⅳ.TN

中国版本图书馆CIP数据核字（2009）第110227号

内容提要

本书在知识要求（应知）和技能要求（应会）两个方面介绍了电子装接工需掌握和了解的知识技能。内容涉及安全用电知识；常用电子元件简介；电子元器件及导线的基础知识；焊接技术基本常识等内容。本书可作为电子装接工职业技能鉴定培训教材和自学用书，也可供从事电子装接行业的管理和技师参考。

出版：中国林业出版社（100009　北京西城区刘海胡同7号）
编者咨询　E-mail：13901070021@139.com　电话：010－83143520
发行：新华书店北京发行所
印刷：三河市祥达印刷包装有限公司
印次：2019年3月第1版第6次
开本：880mm×1230mm　1/32
印张：4.25
字数：120千字
定价：12.00元

前 言

职业技能培训是提高劳动者知识与技能水平、增强劳动者就业能力的有效措施。职业技能短期培训，能够在短期内使受培训者掌握一门技能，达到上岗要求，顺利实现就业。为了提高各行各业劳动者的知识与技能水平，增强其就业的能力，我们特意组织了全国各地一批长期在一线从事职业培训教学、富有经验的知名教师编写了这套“职业技能培训系列教材”。

本套教材是为了适应开展职业技能短期培训的需要、促进短期培训向规范化发展而编写的。该套教材以相应职业（工种）的国家职业标准和岗位要求为依据，根据上岗前职业培训的特点和功能，以基本概念和原理为主，突出针对性和实用性，理论联系实际，使读者一读就懂，一学就会。

这套教材适合于各级各类职业学校、职业培训机构在开展职业技能短期培训时使用。由于时间仓促和编写者的水平有限，书中错漏之处敬请读者批评指正，在此深表感谢。

编 者

2009 年 6 月

目　录

第一单元　了解安全用电

模块一　维修电工需掌握的安全知识

一、安全电压

1. 安全电压的基本知识

由于人体触电时的安全电压与人体实际电阻和人体安全电流有关，而且不同的人体的电阻存在一定的差异，即使是同一个人体电阻，在不同环境条件下的变化也很大。所以，我国根据具体的环境和条件规定，一般的安全电压主要有 12V 、22V 和 36V。另外，如果是在温暖、干燥、地面绝缘、无导电粉尘的环境中，有时候也以 65V 作为安全电压。下面看看一些具体的安全电压常识：

（1）一般情况下，电焊设备在开路时的二次电压采用 65V。

（2）从电源上断开电力电容器后，无论电容器的额定电压为多大，电容器的端电压在切断电源后 30 秒之内，不得超过 65V。

同时，应通过放电装置进行放电，以保证运行和检修人员在停电的电容器上安全工作。

（3）机床局部照明、隧道照明、距离地面 2.5m 的照明、携带式作业灯以及部分手持电动工具等，均采用 36V 的安全电压。

（4）如果是在工作不便、潮湿阴暗、地方狭窄以及工作人员在工作中需要接触大面积金属表面等危险环境中（如压力容器、矿井内）工作的情况下，此时的安全电压必须采用 12V。

（5）如果是采用降压变压器（如行灯变压器）取得安全电

压，同时应采用双绕组变压器，使二次绕组与一次绕组间不存在直接电联系，只有磁联系。

此外，为了防止由电源引起的触电危险，安全电压的供电网络的中性线或一根相线应接地。

2. 安全电压与低电压

安全电压与通常所说的低电压是两个不同的概念。

在《电力设备接地设计技术规程》中，规定额定电压1kV以下的电压为低电压；而在《安全工作规程》中，规定对地电压250V及以下的电压为低电压。对于这两种规程所规定的低电压，在发生人身触电时，都是不安全的电压。

二、电流对人体的危害

1. 人体的触电方式

一般的情况下，接触电压触电、跨步电压触电以及与带电体直接接触触电是人体触电的几种主要形式。

（1）接触电压触电。

人站在发生接地短路故障设备或断线的附近，其手与故障设备直接接触，手、脚之间因承受的电压而发生的触电，就是接触电压触电。

如果在现场发现有接地断线，最好沿“渐开线”避开，并警告过往行人及车辆，千万不要沿接地点的径向方向逃逸。

（2）跨步电压触电。

如果电气设备或线路发生接地短路故障，在地面上半径为20m的范围内，就会形成电位不同的同心圆（圆心为接地短路点）。在这些同心圆中，半径越小的圆周上，其电位就越高。

如果有人在这一区域里行走，其两脚之间就会产生电位差，从而发生跨步电压触电。

（3）人体与带电体直接接触触电。

人体与电气设备的带电部分接触触电分为两相触电和单相触电。

当人体碰到两根相线时，作用于人体上的电压为380V，就构成了两相触电。

当人体的某一部分碰到相线（俗称火线），另一部分碰到零线时，作用于人体上的电压为220V，就构成了单相触电。

2. 电流对人体的作用方式

电流对人体的作用方式主要有电伤和电击两种。

（1）电伤。

触电后人体外表的局部创伤，就是电伤，主要有灼伤、电烙印和皮肤金属化3种形式。

（2）电击。

电流对人体内部组织造成的伤害，就是电击。

电击是最危险的触电伤害，绝大多数触电死亡事故都是由电击造成的。

3. 影响人体触电危险程度的主要因素

影响人体危险程度的因素有很多，主要的有以下几种：

（1）作用于人体的电压。

如果作用于人体的电压不断升高，那么人体的电阻就会急剧下降，从而致使电流迅速增加，造成对人体更为严重的伤害。

（2）通过人体的电流。

通过人体的电流对电击伤害的程度具有决定性的作用。如果通过人体的电流越大，人体的生理反应就会越明显，引起的感觉就会越强烈，从而造成心室颤动的时间越短，致命的危险就越大。

（3）电流通过人体的持续时间。

如果电流通过人体的时间越长，电流对人体组织的破坏就越严重，对心脏的危险性就越大。

三、触电后的急救处理

专业的维修电工，必须熟悉并掌握必要的触电急救技术，主

要分以下步骤：

1. 尽快脱离电源

救治触电者的第一步，就是使触电者尽快脱离电源，同时这也是最重要的一步。具体操作过程如下：

（1）如果电源开关就在附近，则应迅速拉开开关以切断电源。

（2）如果离电源开关较远，救护人可用绝缘手钳或装有干燥木柄的刀、斧、铁锹等工具切断电线，同时，救护人应该特别注意不要使被切断的电源线触及人体。

（3）如果人是在高空触电的情况下，救护人应先采取安全措施，以防电源切断后，造成触电者从高空掉下致残甚至致死的严重后果。

（4）如果碰到导线搭在触电者的身上或压在身下的情况，此时救护人员可用干燥的竹竿、木棒或其他带有绝缘手柄的工具，迅速挑开电线。在这个过程中，救护人员绝对不能直接用手或用导电的物体（包括潮湿的木棒等）去挑电线，以免造成触电的危险。

2. 采取相应的急救处理措施

一旦触电者脱离电源后，救护人员应立即进行现场紧急救护，同时赶快派人请医生前来抢救触电者。主要可采取以下紧急处理措施：

（1）一般情况的诊断及急救措施。

①如果触电者神志尚清醒，只是全身无力、心慌，或者虽一度昏迷，但并未失去知觉，伤害并不严重时，此时可以让触电者安静休息，不要行动，并密切观察触电者的情况。

②如果触电者已失去知觉，且伤害较严重时，在这种情况下则着重检查触电者的双目瞳孔是否放大，呼吸是否停止和心脏跳动情况等。

检查项目和方法如图 1-1 所示。

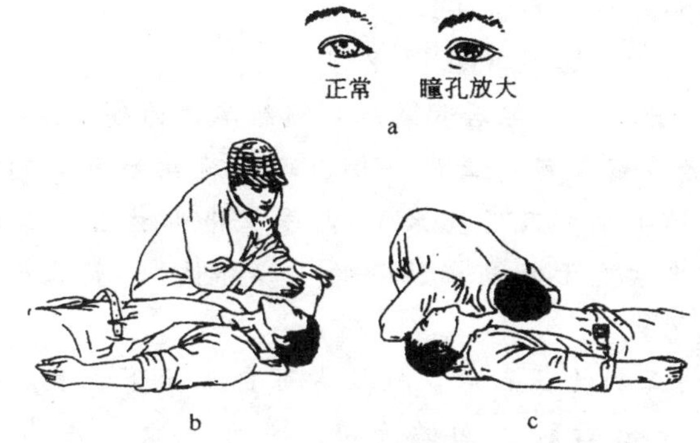

图 1-1 对触电者的检查

a. 检查瞳孔 b. 检查呼吸 c. 检查心跳

●如果触电者虽然有呼吸，但心脏已停止跳动，此时救护人员应采取人工胸外挤压心脏法。

●若触电者已停止呼吸，但心脏微微跳动时，此时救护人员应采取口对口人工呼吸法。

●若触电者完全失去知觉，其呼吸和心跳均已停止，此时则需将口对口人工呼吸和人工胸外挤压心脏两种方法同时进行，此时现场须有两人抢救。

若现场仅有一人抢救，在这种情况下，可交替使用这两种方法，先胸外挤压心脏 2～8 次，然后暂停；接着口对口吹气 2～3 次，再挤压心脏，就这样循环反复地进行操作。

上述急救处理过程，在不危及安全的情况下，都应尽可能地在现场进行。如果在现场危及到安全，必须将触电者移到安全的地方进行急救。即使是在运送医院的途中，这种急救也应不间断地进行。

(2) 具体的急救方法。

抢救触电者的具体方法主要有人工胸外挤压心脏法和人工呼吸法两种。下面分别介绍：

①人工胸外挤压心脏法。

具体操作过程如下（图1—2）：

●使触电者仰卧，但后背着地处须结实，为硬地或木板之类。

●抢救者最好在触电者的一侧，跨腰跪在触电者的腰部，两手相叠（对幼小儿童只用一只手），手掌根部放在心窝稍高一点的地方（掌根按置于触电者胸骨的1/3部位），掌根所在位置即是正确的压区。

●待找到正确的压点后，抢救者可自上而下垂直均衡地用力向下挤压，压出心脏里面的血液。对于儿童，用力适当要小一些。

●等挤压一段时间后，突然放松掌根，但手掌不要离开胸膛。依靠胸部的弹性，自动恢复原状，心脏扩张，血液流回心脏。

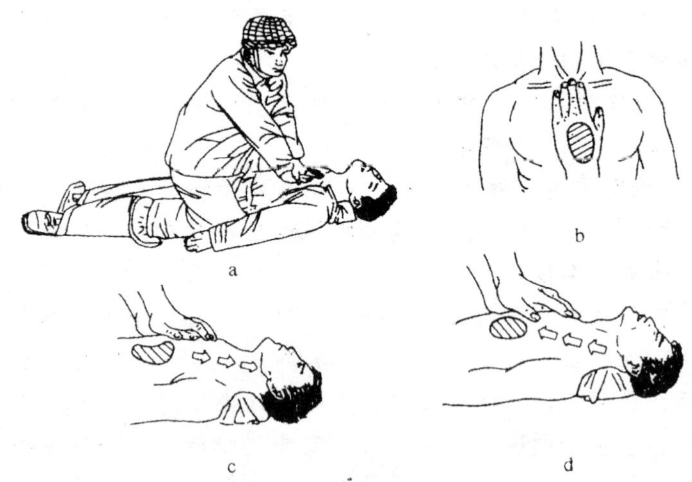

图1-2　胸外心脏挤压法

a. 急救者跪跨位置　b. 急救者压胸的手掌位置

c. 挤压方法示意　d. 突然放松示意

人工胸外挤压心脏时定位要准确，用力要适当，既不能用力太小，达不到挤压血液的作用；又不可用力过猛，以免将胃中的

食物挤压出来，堵塞气管，影响呼吸，或折断肋骨，损伤内脏。这种救护动作要求反复不停地对触电者的心脏进行挤压和放松，每分钟约60次左右为宜。

（2）人工呼吸法。

对于人工呼吸法，通常采用口对口（或口对鼻子）人工呼吸法。具体操作步骤如下：

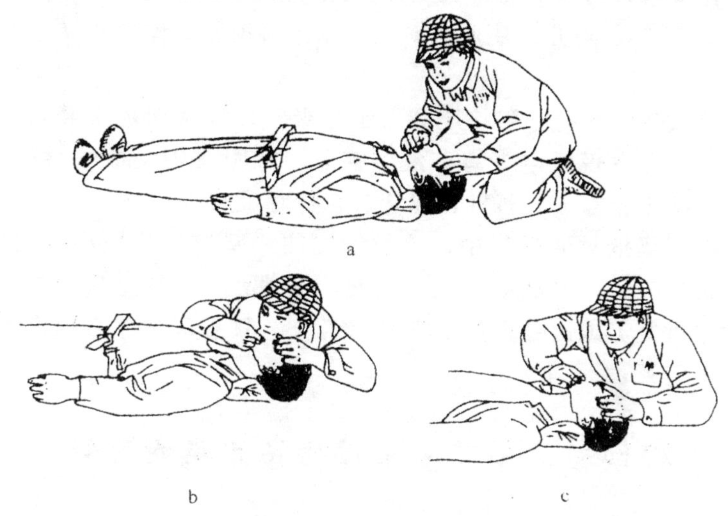

图1-3　口对口人工呼吸

a. 触电者平卧姿势　b. 急救者吹气方法　c. 触电者呼吸姿态

●抢救者首先迅速松开其上身的紧身衣、护胸和围巾，解开触电者的衣领、裤带等，使其胸部能自由扩张，不妨碍呼吸

●抢救者使触电者朝天仰卧，把头侧向一边，张开其嘴巴，并清除口腔中的假牙、血块及其他异物等。如果舌根下陷，应将其拉出，以使其呼吸道畅通，然后将其头部扳正，使之尽量后仰，鼻孔朝天。

●抢救者在触电者头部一侧，用一只手捏紧其鼻孔，不使鼻孔漏气；同时用另一只手将其下巴拉向前下方，使其嘴张开。

●抢救者做深呼吸，紧贴触电者的嘴，向其大口吹气，如果嘴巴掰不开，可贴鼻孔吹气。

●抢救者吹气完毕，应立即离开触电者的嘴巴（或鼻孔），并放松紧捏的鼻孔（或嘴巴），让其自由排气，使胸部自行回缩，达到呼气的目的。

在进行口对口（鼻）人工呼吸的时候，每5s进行一次，其中吹2s，停3s。对儿童用此法时，鼻子不必捏紧，而且吹气也不能过猛。

抢救者在实行心脏挤压和人工呼吸时，应密切观察触电者的反应。一旦发现触电者有苏醒的症状，如眼皮闪动或嘴唇微动，就应立即中止操作几秒钟，以让其自行呼吸和心跳。

在现场抢救的过程中，抢救者往往要坚持长达数小时之久，是非常疲劳的。对触电形成的假死，抢救者一定要坚持救护，直到触电者复苏或医务人员前来救治为止。只有医生才有权宣布触电者真正死亡。

模块二　电工安全操作技术基本要领

工作人员必须在完成停电、验电、装设接地线、悬挂标示牌和装设遮栏等保证安全的技术措施以后，才能在全部停电或部分停电的电气设备上工作。

上述安全措施可由值班人员进行。如果是无值班人员的电气设备，则应由断开电源的工作人员执行，且必须有监护人员在场。下面具体介绍每一个安全措施的内容：

一、停电

1. 停电原则与过程

停电拉闸操作必须按照“先断断路器，后断负荷闸刀开关，最后断母线闸刀开关”的顺序进行，严禁带负荷拉闸。

将检修设备停电，必须切断闸刀开关，把各方面的电源完全断开（任何运行中的星形联结设备的中性线，应视为带电设备），使各方面至少有一个明显的断点。禁止在只有断路器断开电源的设备下工作。

对于与停电设备有关的变压器和电压互感器，必须从高、低压两侧断开，以避免由这些设备向停电检修设备反送电；当切断开关和闸刀开关操作电源的时候，必须锁住闸刀开关操作把手，以防止向停电检修设备误送电。

送电时，具体步骤为：在确定断路器断开后，先合母线闸刀开关，后合负荷闸刀开关，最后合断路器。

2. 需停电的设备

具体在工作地点，需要停电的设备主要如下：触电者真正死亡在工作人员后面及两侧有无可靠安全措施的带电设备。

●工作人员在进行工作时，其正常活动范围与带电设备的距离小于表 1-1 所规定的安全距离的设备。

表 1-1　工作人员工作中正常活动范围与带电设备的安全距离

电压等级/kV		10 及以下	20～35	22	60～110	220	330
安全距离/m	无遮栏	0.70	1.00	1.20	1.50	3.00	2.00
	有遮栏	0.35	0.6	0.9	1.50	3.00	2.00

●待检修的设备。

二、验电

1. 具体过程

（1）首先，等检修的电气设备和线路停电后，在悬挂接地线之前必须用验电器验明该电气设备确实无电压。

（2）验电时，必须用电压等级合适且合格的验电器。

（3）线路的验电应逐相进行。

在检修设备的进出线两侧的各相上分别验电。在对同杆架设

的多层电力线路进行验电时，其操作顺序为：先验下层，后验上层，且三相均验；先验低压，后验高压。

2. 注意问题

应当注意以下问题：

（1）表示设备断开和允许进入间隔的信号及经常接入的电压表的指示等，不能作为无电压的依据。

（2）如果指示有电，则禁止在该设备上工作。

三、装设接地地线

1. 需注意的问题

（1）为了防止已停电的工作地点因误操作突然来电，工作人员应立即将已验明无电的检修设备装设三相短路接地线，以保证人身安全。

（2）对于停电设备可能产生感应电压的部分，或可能送电至停电设备的各部位都要装设接地线，工作人员还要保证所装接地线与带电部分应符合规定的安全距离。

2. 装设接地地线

在具体装设接地地线的过程中，要注意以下方面：

（1）如果是在室内配电装置上，接地线应装在该装置导电部分的规定地点，这些地点的油漆应刮去。

装设室内配电装置上的接地线，应注意以下几点：

①首先，装设时应先将接地端可靠接地，当验明设备或线路确实无电后，立即将接地线的另一端接在设备或线路的导电部分上。

②必须由两人装设接地线。如果是单人值班，只允许使用接地闸刀开关接地，或用绝缘棒合上接地闸刀开关。

③装设接地线的时候，必须先装接地端，后装导体端，而且必须接触良好、可靠。拆接地线时，先拆导体端，后拆接地端。

④接地线应采用多股软裸铜线，其截面积应满足短路电流热

稳定的要求，且不得小于 $25mm^2$。

⑤接地线必须使用专用线夹并将其固定在导体上，严禁用缠绕的方法。

⑥如果电杆或杆塔无接地引下线时，可采用临时接地棒，接地棒打入地下的深度不得小于 0.6m。

⑦装拆接地线时人体不得触碰接地线，在装的过程中均应使用绝缘棒或戴绝缘手套。

⑧装设同杆架设的多层电力线路接地线时，应先装下层，后装上层；先装低压，后装高压。

⑨每组接地线均应编号，并存放在固定地点。存放位置也要编号，接地线号码与存放号码必须一致。

⑩检修母线时，若母线长度在 10m 以下，可以只装设一组接地线。当在门形构架的线路侧进行停电检修的时候，如果工作地点与所装接地线的距离小于 10m 时，即使工作地点在接地线的外侧，也可不另装接地线。

（2）如果检修部分为几个在电气上不相连的部分，则各段均应分别验电并装设接地线，并要求接地线与检修部分之间不得串接开关或熔断器。

（3）对于全部停电的降压变电所，应将各个可能来电侧三相短路接地，其余部分不必每段都装设接地线。

四、悬挂标示牌和装设遮拦

悬挂标示牌和装设遮拦的具体说明如下：

（1）在施工设备的开关和闸刀开关的操作把手上，或是在工作地点、施工设备上和一经合闸即可送电到工作地点的地方，均应悬挂“禁止合闸，有人工作”的标示牌。

（2）若线路上有人工作，应在线路开关和闸刀开关的操作把手上悬挂“禁止合闸，线路有人工作!”的标示牌。标示牌的悬挂和拆除，应按调度员的命令执行。

（3）如果是安全距离小于无遮拦所规定的数值的未停电的设备，此时应装设临时遮拦，且临时遮拦与带电部分的距离，不得小于表 1-1 规定的有遮拦的安全距离。同时，临时遮拦应牢固，并悬挂“止步，高压危险！”的标示牌。

（4）如果是在室内高压设备上工作，应在工作地点两旁间隔和对面间隔的遮拦上和禁止通行过道上悬挂“止步，高压危险！”的标示牌。

（5）如果是在室外地面高压设备上工作，应在工作地点四周用绳子做好围栏，围栏上悬挂适当数量的“止步，高压危险！”的标示牌，且标示牌必须朝向围栏外面。

（6）如果是在室外构架上工作，则应在工作地点邻近带电部分的横梁上，悬挂“止步，高压危险！”的标示牌，该标示牌在值班人员的监护下，由工作人员悬挂。

（7）对于工作人员上下用的铁架或梯子上，也应悬挂“从此上下！”的标示牌。

（8）在工作人员附近可能误登的构架上，也应悬挂“禁止攀登，高压危险！”的标示牌。

（9）严禁工作人员在工作中移动或拆遮拦、接地线和标示牌。

第二单元　常用工具和测量仪表

模块一　常用工具和量具简介

一、电烙铁

1. 电烙铁的基本特征

(1) 电烙铁的规格。

电烙铁是用通电电热丝作为热源的热焊接工具。常用的电烙铁分为外热式和内热式两种，如图 2-1 所示。

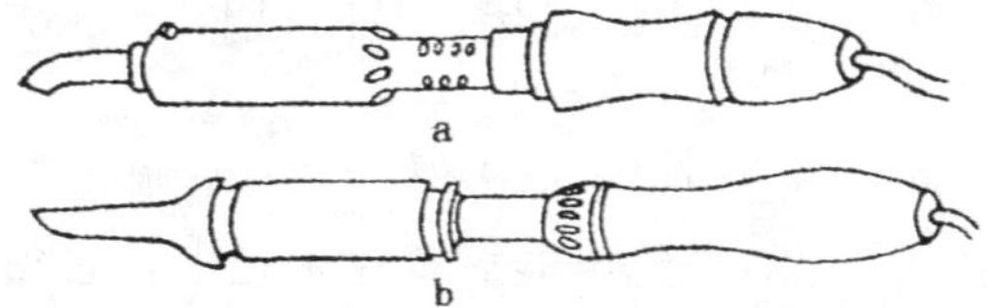

图 2-1　电烙铁

a. 外热式　　b. 内热式

电烙铁的规格主要有 20、25、30、35、45、50、75、100、300W 数种。焊接小的电子元器件用 45W 以下的电烙铁，焊接大的器件则要用大于 45W 的电烙铁。

(2) 电烙铁的焊料和焊剂。

用电烙铁进行焊接时，要用焊料和焊剂。主要体现在：

①焊料的作用是把被焊的金属通过它牢固地连接在一起。

焊锡和纯锡电烙铁常用的焊料，它们的熔点不同。为了便于使用，焊锡常做成中心包含有松香的焊丝，它主要用于电子元器

件以及 A、E、B 绝缘等级的电机绕组接头的焊接。

②焊剂的作用是清除被焊件表面的氧化物等污物，增强焊锡的流动性，保证焊锡与被焊金属牢固结合。

电烙铁常用的焊剂有焊膏、盐酸、松香和松香酒精溶剂等。焊膏适用于大线径或大截面导体的焊接；盐酸适用于钢制品的连接焊接，盐酸的腐蚀性最强；松香适用于电子元器件和小线径导线的焊接，松香的腐蚀性最弱；松香酒精溶剂适用于小线径和强电小元器件的焊接。

2. 注意问题

使用电烙铁进行焊接的时候，要注意以下事项：

（1）要根据被焊件具体的情况，选择功率合适的电烙铁，不能用大功率的电烙铁焊接小元器件。

（2）焊接的时候，先将电烙铁含有焊锡的焊头蘸一些焊剂，然后对准焊点进行焊接。

（3）焊接时间要适当，以焊点的锡充分熔化、渗透为准，尤其对集成电路和小元器件的焊接，时间过长会导致元器件过热损坏。

（4）焊点应大小适中，表面光滑，没有毛刺。

（5）使用中的电烙铁绝不能搁置在木板上，必须搁置在金属丝制成的搁架上，以免发生火灾。

（6）当焊接集成电路的时候，工作台必须铺有可靠接地的金属薄板。

（7）焊接绕组接头时，接头处与绕组间要用薄板或厚纸皮隔开，防止锡液流入绕组缝隙。

（8）不准甩动使用中的电烙铁，以免锡珠飞溅伤人。

（9）电烙铁使用完毕必须拔出电源插头，以免电烙铁长时间通电引起事故。

（10）焊接完毕，必须清除残留的焊剂；清除焊接处表面氧化物及其他污物，清除完后最好就涂上松香酒精溶液。

（11）电烙铁用后，必须清除烙铁头表面的氧化层和焦物，然后重新搪锡才能使用。

二、电工钳

常用的电工钳主要有尖嘴钳、钢丝钳、剥线钳、斜口钳等几种，其外形如图 2-2 所示。下面分别介绍：

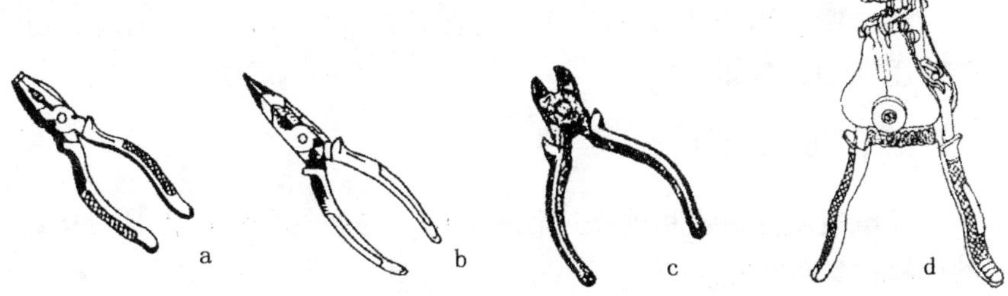

图 2-2　电工钳

a. 钢丝钳　b. 尖嘴钳　c. 斜口钳　d. 剥线钳

1. 尖嘴钳

尖嘴钳的头部尖细，常用的规格有 130mm、160mm、180mm3 种，其柄部套有耐压 500V 以上的塑料绝缘套。电工禁用裸柄尖嘴钳。

尖嘴钳适用于在狭小的工作空间作业，主要用途是剪断较小的导线和金属丝，夹持较小的螺钉、垫圈、导线等元件。

2. 钢丝钳

钢丝钳又叫老虎钳，主要用途是剪切导线和钢丝等较硬金属。电工禁用裸柄钢丝钳。

钢丝钳规格以全长表示，常用的规格有 150mm、175mm、200mm3 种，其柄部都套有耐压大于 500V 的塑料绝缘套。

3. 剥线钳

剥线钳是用来剥除小直径导线绝缘层的专用工具，其绝缘柄耐压为 100V。

使用方法是：将导线放入相应的刃口槽中（比导线直径稍大，以免损伤导线），然后用力捏钳柄，导线的绝缘层即被割破并拉开，同时自动弹出。

4. 斜口钳

斜口钳的特点是剪切口与柄成一角度，其常用的规格有130mm、160mm、180mm、200mm4 种，其绝缘柄的耐压为1000V。

斜口钳适用于狭小的作业空间剪切金属丝和电线、电缆，电工禁用裸柄斜口钳。

三、钳工工具

在电气设备安装和维修过程中，电工经常使用钳工工具对所用的材料和零部件进行加工。

1. 电工用凿

电工常用的凿有长凿、大扁凿、小扁凿和圆榫凿等几种，如图 2-3 所示。

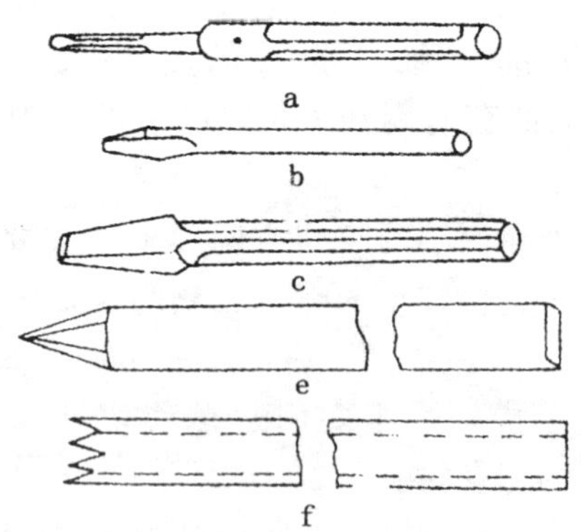

图 2-3 电工用凿

a. 圆榫凿 b. 小扁凿 c. 大扁凿

d. 在混凝土墙上凿孔用的长凿

e. 在砖墙上凿孔用的长凿

（1）长凿。

常用长凿的直径有 19mm、25mm、30mm3 种，其长度则有 300mm、400mm、500mm 等多种。凿孔时应不断旋转凿身，以便及时排出碎屑。

长凿主要用来凿通孔。无缝钢管制成的长凿，用来在砖墙上凿通孔。中碳圆钢制成的长凿，用来在混凝土墙上凿通孔。

（2）大扁凿。

电工常用凿口宽约 16mm 的大扁凿。大扁凿主要用来凿角钢支架撑脚等的埋设孔穴。

（3）小扁凿。

电工常用凿口宽约 12mm 的小扁凿。小扁凿主要用来在砖墙上凿方形孔。

凿孔时要经常拔出凿身，以利排出灰沙、碎砖，同时观察墙孔凿得是否平整、大小是否合适、孔壁是否垂直。

（4）圆榫凿。

电工常用的圆榫凿有 16 号和 18 号两种，前者可凿直径约 8mm 的木塞孔，后者可凿直径约 6mm 的木塞孔。圆榫凿主要用于在混凝土结构的建筑物上凿木塞孔。

2. 锉刀

对工件进行锉削加工的工具，称为锉刀。

锉刀的工作面有齿纹，齿纹有单齿纹和双齿纹两种。单齿纹锉刀锉削阻力较大，适用于加工软金属材料。双齿纹锉刀的齿纹是两个方向交叉排列的，适用于锉削硬脆金属材料。

锉刀的规格以齿纹间距和锉刀长度来表示。不同锉刀的齿纹间距不同，齿距小的适用于精加工，齿距大的适用于粗加工。

我们通常把锉刀分为什锦锉刀、普通锉刀和特种锉刀 3 类，使用时按用途来选择。现分别介绍：

（1）什锦锉刀。

什锦锉刀又称整形锉，主要是用来修整工件精细的部位。

什锦锉的长度为120～180mm，每组由5、6、8、10、12件各种形式的锉刀组成。可根据不同的使用要求，选用适当规格的什锦锉。

（2）普通锉刀。

普通锉刀按其断面形状分为平锉、方锉、三角锉和圆锉等多种。

（3）特种锉刀。

特种锉刀其断面形状与加工工件表面形状相适应，主要用于加工具有特殊表面形状的工件。

3. 手锯

（1）手锯的组成。

手锯是一种锯割工具，主要用它对原材料及工件进行分割处理。手锯由锯条和锯弓两部分组成。锯条是一种有锯齿的薄钢条，根据锯齿齿距的大小，分为粗齿、中齿和细齿3种，长度有200mm、250mm、300mm3种规格，其中300mm的锯条使用最多。锯弓的作用是绷紧锯条，它分固定式和可调式两种，常见的为可调式。

（2）手锯的使用。

在使用手锯的过程中，要注意以下事项：

①使用时应根据所锯材料选择锯条。

通常锯割材料较软或锯缝较长时，应选用粗齿锯条；锯割材料较硬或为薄板料、管料，应选用细齿锯条。

②安装锯条时锯齿的齿尖要向前，锯条的绷紧程度要适当。

锯条拉得太紧，容易崩断；锯条太松，也会因弯曲造成折断，且锯缝歪斜。锯割时拉送速度不要过快，压力不要过大，应有节奏地进行。

4. 手锤

手锤又称榔头，是常用的敲击工具。手锤由木柄和锤头两部分组成。木柄选用较坚硬的木材制成，长度为300～350mm；锤头材料是碳素工具钢，经过淬硬处理。

四、冲击电钻和手电钻

1. 冲击电钻

(1) 冲击电钻的特性。

冲击电钻的外形，如图 2-4 所示。

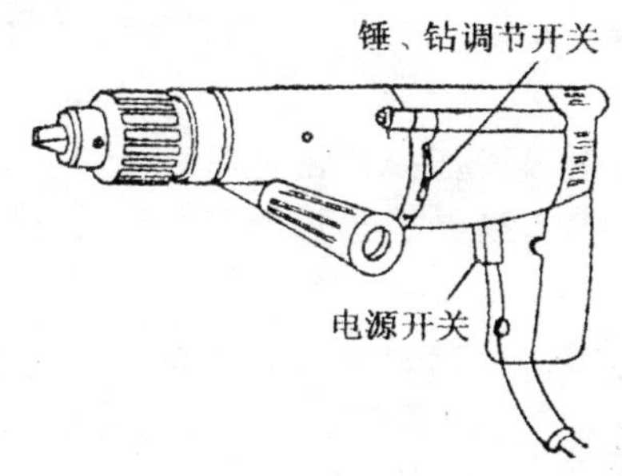

图 2-4　冲击电钻

冲击电钻的使用方法：工作时，钻头边旋转边前后冲动，即不仅靠钻头的切削力，还靠冲击力钻被加工物体（如混凝土墙、砖墙等），通过移动钻身调节开关至“钻”的位置。

冲击电钻可以当普通手电钻使用。作为普通钻使用时，配用麻花钻头。冲击电钻配用专用的冲击钻头，可钻直径 6～16mm 的圆孔。

(2) 使用冲击电钻的注意事项。

使用冲击电钻的时候，应注意以下几点：

①开始工作前，要仔细确认钻身调节开关是否在与工作内容相符的位置。

②只允许单人操作，把柄要保持清洁、干燥、无油脂，以便双手能握牢。

③工作的时候，需要戴护目镜，不允许戴手套作业，双脚要站稳，保持身体平衡。

④接通电源后，应使冲击电钻空转 1 分钟，以检查转动部分

和冲击部分是否正常。

⑤如果遇到坚硬物体，不要施加过大压力，以免烧毁电动机。若出现卡钻，要立即关掉电源开关，严禁带电硬拉、硬压或用力扳扭，以免发生事故。

⑥如果工作时间过长，电动机和钻头会发热，这时要暂停作业，待其冷却后再使用，禁止用水和油降温。

⑦工作结束后，要卸下钻头，清除灰尘、杂质，转动部分要加注润滑油。

⑧严格禁止用电源线拖拽冲击电钻。

⑨作业现场不得有易燃、易爆物品。

2. 手电钻

手电钻是一种手持电钻，其外形如图 2-5 所示。

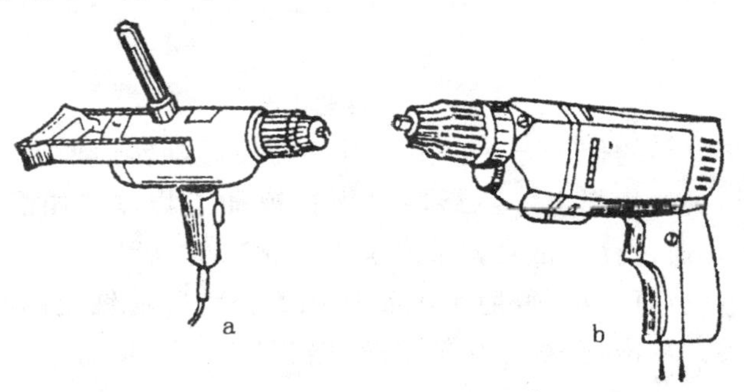

图 2-5 手电钻

a. 手提式　　b. 手枪式

手电钻有手枪式和手提式。常用的为手枪式，钻头最大直径有 6mm、10mm、13mm3 种规格，它的体积小，使用电源多为交流 220V，也有 36V 的。手提式电钻，钻头最大直径有 13mm、19mm、23mm3 种，使用电源为交流 220V。

手电钻的特点是不受地点限制，使用方便，主要用于固定设施或在台钻不易加工的位置钻孔。

五、验电器

1. 高压验电器

(1) 高压验电器的外观。

高压验电器又称高压测电器、高压测电棒，其外形如图 2-6 所示，它是用来检查 500V 以上（如 10kV 等）的带电体是否带电的工具。

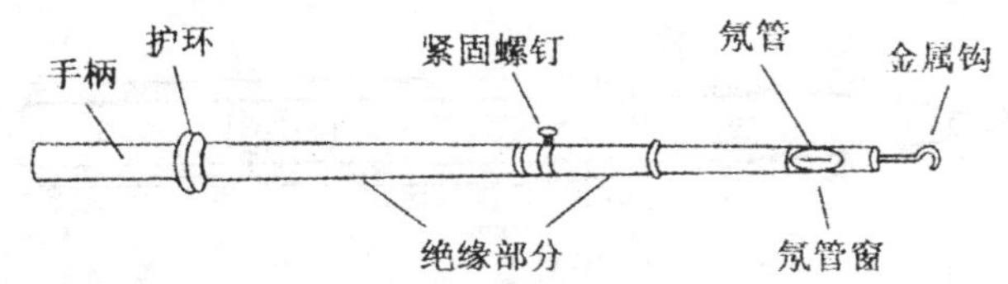

图 2-6　高压验电器

(2) 使用高压验电器的注意事项。

①使用高压验电器之前，一定要进行测试，只有证明验电器确实良好后，才可使用。

②验电的时候，不可一人单独操作，确保身旁应有人监护。

③人体与带电体应保持足够的安全距离，如电压为 10kV 时安全距离在 0.7m 以上。

④验电的时候，工作人员必须戴上符合耐压要求的绝缘手套，手握部位不得超过护环。

⑤当验电器逐渐靠近被测线路时，氖管不亮，说明线路无电；氖管发亮，说明线路有电。

⑥只能在气候良好的情况下进行室外测试，在雨、雪、雾天和湿度较高时，禁止使用高压验电器。

2. 低压验电器

(1) 低压验电器的特性。

低压验电器又称试电笔、测电笔，简称电笔，它是用来检查低压线路和电气设备是否带电的工具，其检测电压为 60～500V。

电笔有数字显示式和氖管发光指示式两种，如图 2-7 所示。

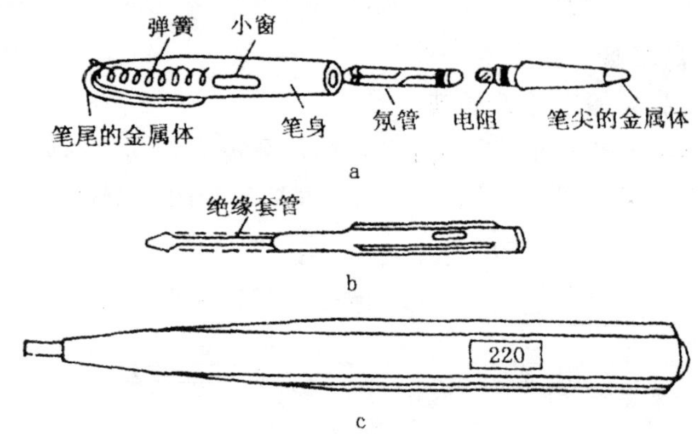

图 2-7 低压验电器

a. 钢笔式 b. 螺钉旋具式 c. 数字显示式

如果使用的是数字显示式电笔，则可由笔身上的液晶显示屏中观察到带电体与大地间的电位差数值，显示范围为 1～500V。

氖管发光指示式电笔由氖管、2 兆欧电阻、弹簧、笔身和笔尖等构成。使用的时候，人手触及笔尾的金属体，笔尖触及被测物体，如图 2-8 所示。只要被测带电体与大地之间存在大于 60V 的电位差，电笔中的氖管就会发光，电压高则发光强，电压低则发光弱。

（2）使用低压验电器的注意事项。

①在昏暗的环境下，不宜使用数字显示式电笔。

②使用前，先检查电笔内部有无柱形电阻，尤其是借来的、别人借后归还的或长期未使用的电笔。若无电阻，严禁使用，否则将发生触电事故。

③使用前，要在有电的电源上检查电笔是否正常发光。

④在明亮的光线下使用电笔，不易看清氖管是否发光，应注意避光。

⑤测试的时候，手指一定要触及尾部的金属体。

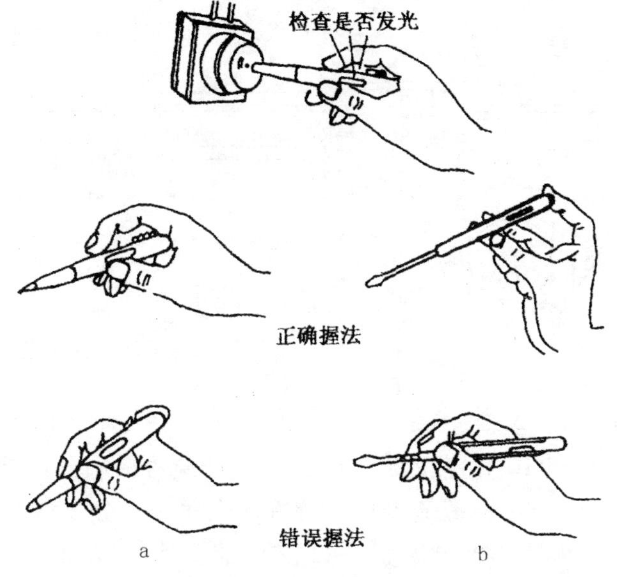

图 2-8　低压验电器的正确握法

a. 钢笔式　　b. 螺钉旋具式

⑥注意不要将电笔的金属测头同时触及两个带电体或带电体与金属外壳，以免造成短路。

六、游标卡尺

1. 游标卡尺的特性

游标卡尺主要用于测量物体的长、宽、高、深和圆环的内、外直径。其主要部分是一条尺身和一条可以沿尺身滑动的游标；由尺身和游标分别构成内、外测量爪，内测量爪用于测量槽宽度和管的内径，外测量爪用于测量零件的厚度和管的外径，深度尺用于测量槽和筒的深度。游标卡尺的外形，如图 2-9 所示。

由于游标上刻有刻度，所以，游标卡尺就是利用游标来提高测量精度的。尽管各种游标卡尺的游标长度不同，分度格数不同，但基本原理和读数方法是一样的。

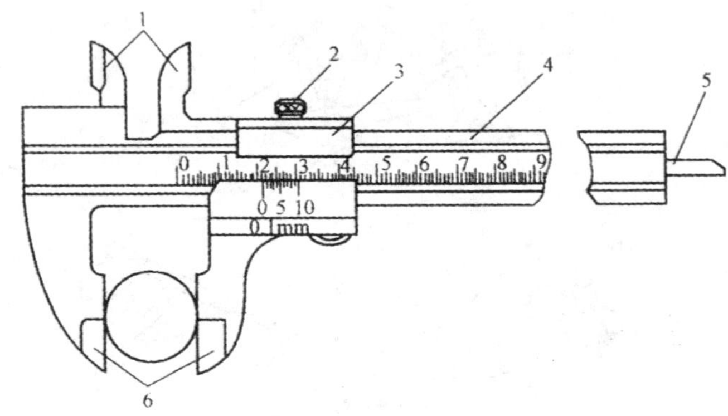

图 2-9 游标卡尺

1. 内测量爪 2. 紧固螺钉 3. 游标 4. 尺身 5. 深度尺 6. 外测量爪

比如，以 10 分度游标卡尺为例，尺身的最小分度是 1mm，游标上有 10 个小的等分刻度，游标尺上每一小分度线之间距离为 0.9mm，从“0”线开始，每向右一格，增加 0.1mm。

（2）游标卡尺的操作方法。

操作游标卡尺的具体方法为：

①测量前，要做“0”标志检查，即将测量爪合在一起（即零刻度）时，游标的零刻度线与尺身的零刻线重合。

②当外测量爪夹一工件时，游标对在尺身上某一位置，如图 2-10 所示，从尺身上给出 X＝21mm，再细心观察游标上的哪一根分刻线与尺身上分刻度对得最齐。在图 2-10 中，第 8 根分刻线对得最齐，所以游标给出 ΔX＝0.8mm，则工件总长度为 21mm＋0.8mm＝21.8mm。

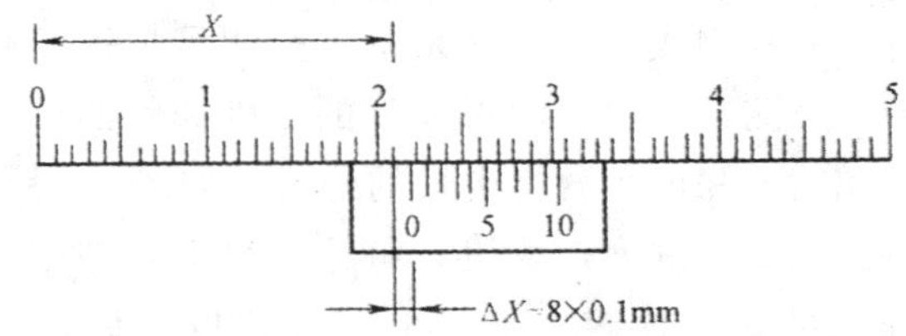

图 2-10 游标卡尺的读法

(3) 使用游标卡尺的注意事项。

①当测量爪卡住被测物体的时候，松紧一定要适当，当需将被测物体取下读数时，要旋紧紧固螺钉。

②注意保护内、外测量爪。

③读数的时候，要防止视觉误差，不可旁视，要正视。

④用完后，要把游标卡尺放在专用盒内，不可与其他工具叠放在一起。

七、螺丝刀

1. 螺丝刀的特性

螺丝刀是用来紧固或拆卸螺钉的工具，又叫改锥或起子。

螺丝刀的式样和规格很多，按头部形状可分为一字形和十字形两种，如图 2-11 所示。握柄有木质和塑料两种，电工多采用绝缘性能较好的塑料柄螺丝刀。

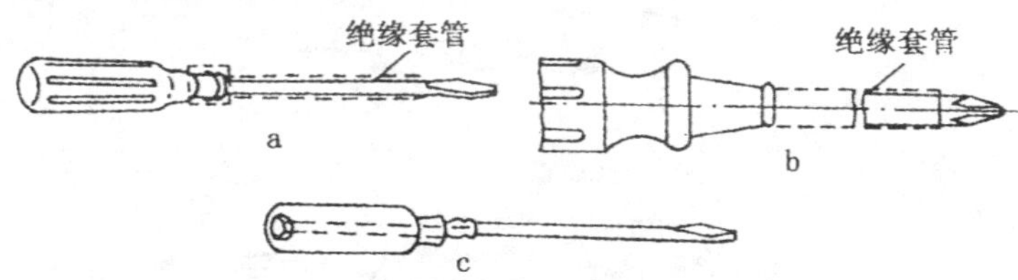

图 2-11　螺丝刀

a. 一字形螺丝刀　b. 十字形螺丝刀　c. 穿心金属杆螺丝刀（电工禁用）

一般用握柄以外的刀杆长度来表示一字形螺丝刀的规格，常用的有 50mm、100mm、150mm、200mm、300mm、400mm 等规格，电工必备的是 50mm 和 150mm 两种。

通常情况下，使用十字形螺丝刀来紧固和拆卸十字槽螺钉，常用的规格有 4 种：Ⅰ号适用于直径为 2.0～2.5mm 的螺钉，Ⅱ号适用于直径为 3.0～5.0mm 的螺钉，Ⅲ号和Ⅳ号分别适用于直径为 6.0～8.0、10～12mm 的螺钉。

2. 使用螺丝刀的注意事项

在使用螺丝刀的过程中，应注意的事项如下：

●应在螺丝刀的金属杆部位套上绝缘管，以防使用时碰及附近物体和皮肤，造成事故。

●电工不可使用穿心金属杆螺钉刀，否则很容易造成触电事故。

●使用螺丝刀时，手不得触及螺丝刀的金属部位，以免触电。

●使用的过程中，刀口与螺丝槽口应相适应。

八、活扳手

1. 活扳手的特性

活扳手又称活络扳手，是用来紧固和拆卸螺母的工具，它的开口宽度可在一定范围内通过蜗轮调节。

活扳手的外形及用法如图 2-12 所示。

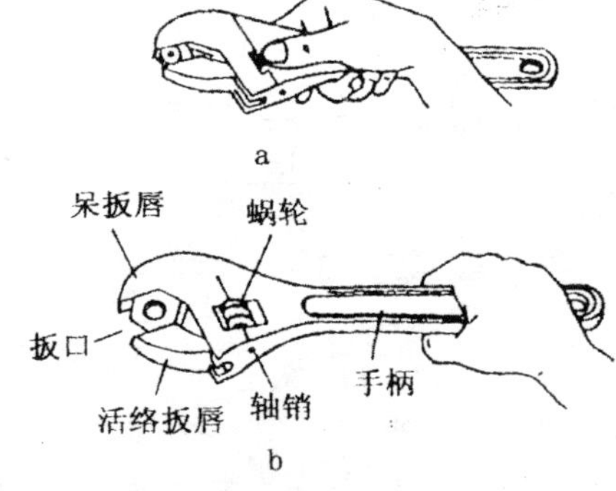

图 2-12 活扳手

a. 扳动小螺母　　b. 扳动大螺母

电工使用的活扳手的规格以长度乘以最大开口宽度来表示，常用规格主要有 150mm×19mm（6 英寸）、200mm×24mm（8 英寸）、250mm×30mm（10 英寸）、300mm×36mm（12 英寸）等 4 种。

2. 使用活扳手的注意事项

●活扳手不可当作撬棒或手锤使用。

●使用的过程中，只能正向用力，不能反向用力，以免扳裂活络扳唇。

●不可用钢管接长来增大扳拧力矩。

九、钢卷尺

钢卷尺主要有制动式卷尺（小钢卷尺）、自卷式卷尺（小钢卷尺）和摇卷式卷尺（大型卷尺）3 种。钢卷尺的规格品种见表 2-1。

表 2-1　钢卷尺的规格品种

品　种	自卷式，制动式	摇　卷　式
测量上限/m	1，2，3，4，5，6	5，10，15，20，30，50，100

十、电工刀

电工在安装与维修过程中，要用电工刀来剖切电线、电缆的绝缘层，切割木台缺口，削制木桩。由于电工刀柄部无绝缘保护，所以，它不能削剥带电导线，以免触电。电工刀的外形如图 2-13 所示。

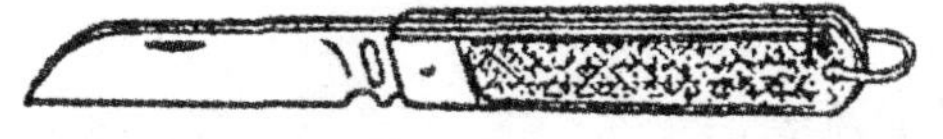

图 2-13　电工刀

十一、金属直尺

金属直尺是用厚 1mm、宽 25mm 的不锈钢板制造的。尺的一端是直边，叫工作端边，尺的长度有 150mm、200mm、300mm、1000mm 和 1500mm 等，金属直尺的外形，如图 2-14 所示。

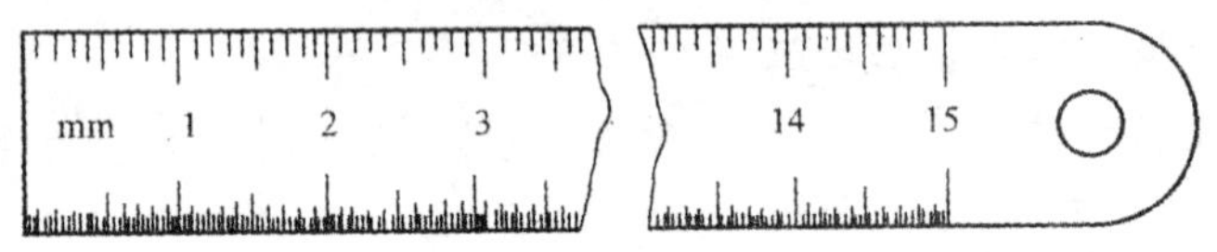

图 2-14 金属直尺外形

十二、断线钳

电工要用断线钳来剪断直径较粗的金属丝、线材及电线电缆等。

断线钳主要有铁柄、管柄和绝缘柄 3 种，其中绝缘柄的断线钳可用于带电场合，其工作电压为 1000V 以下。

模块二 常用测量仪表简介

一、电流表

电流表串接于被测量电路中，它主要用于测量电路中的电流。

1. 电流表的类型

常用的电流表主要有钳形电流表、交直流电流表及直流电流表三种。

(1) 钳形电流表。

钳形电流表主要用来测量在不断开电路情况下的交直流电流。

使用钳形电流表的时候应，注意以下几点：

①不能用于高压带电测量。

②如果是测量低压母线电流，测量前应将相邻各相用绝缘板隔离，以防钳口张开时，可能引起相间短路。

③在条件许可的情况下，判别三相电流是否平衡时，可将被测三相电路的三根相线同方向同时放入钳口中。若钳形电流表的

读数为零，则三相负载平衡；若钳形电流表的读数不为零，说明三相负载不平衡。

④为确保读数准确，钳口两个面应保证接合良好，如有杂声，可将钳口重新开合一次；若声音依然存在，就检查在钳口接合面上是否有杂物或污垢存在；如有污垢，可用汽油擦干净。

⑤有些型号的钳形电流表附有交流电压刻度，测量电流、电压时应分别进行，不能同时测量。

⑥在条件许可的情况下，为了测量小于 5A 以下的电流时能得到较准确的读数，可把导线在钳口上多绕几圈（如图 2-15 所示），实际电流值应为读数除以穿过钳口内侧的导线匝数。

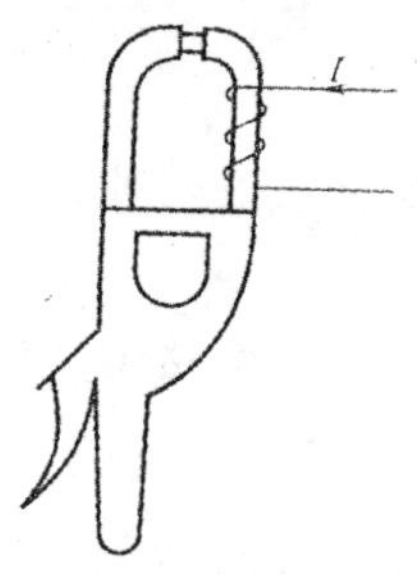

图 2-15　钳形电流表的使用

⑦在测量的时候，应先估计被测电流的大小，选择合适量程或先选用较大量程的电流表进行测量；然后再视被测电流的大小减小量程，使读数超过刻度的 1/2，以获得较准的读数。

⑧测量的过程中，用手捏紧扳手使钳口张开，被测载流导线的位置应放在钳口中间；然后，松开扳手，使钳口（铁心）闭合，表头即有指示。

⑨测量完毕后，一定要把调节开关放在最大电流量程位置，以免下次使用时由于未经选择量程而造成仪表损坏。

（2）直流电流表。

直流电流表是磁电式表。在使用直流电流表时，应将该表的“＋”接线柱接电路的高电位侧，“－”接线柱接电路的低电位

侧，使电流由表的“+”端流入、“−”端流出，从而使电流表的指针正偏。否则，指针会反偏。

（3）交直流电流表。

电动式测量机构和电磁式测量机构都可制做成交直流电流表。

电动式测量机构内没有铁磁性物质，所以，没有磁滞误差，准确度可高达0.1级；而电磁式测量机构用于直流测量时有磁滞误差，准确度较低。

在使用的过程中，对于多量程的电流表，应先试用大量程，逐步由大到小，直到合适的量程（使读数超过刻度的2/3或1/2），且在改变量程时应停电，以防测量机构受到冲击。

2. 电流的测量

测量电流的方法主要有以下两种：

（1）用电流表直接测量。

将电流表直接串接于被测电路中，如图2-16所示。

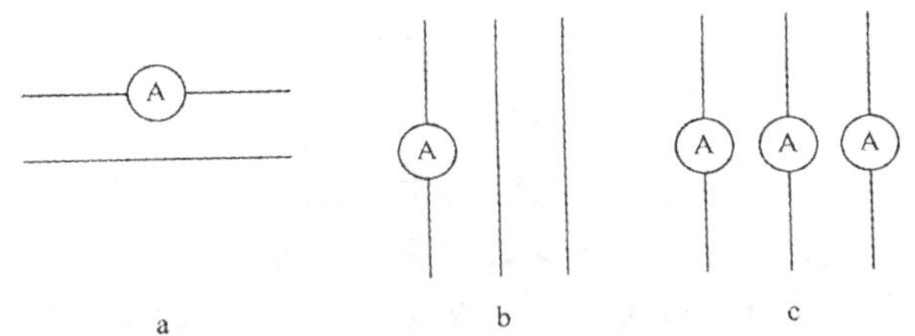

图2-16　电流表直接测量电流

a. 直流及单相交流电路　b. 三相对称交流电路　c. 三相不对称交流电路

（2）用电流互感器测量。

用电流表与电流互感器配合测量交流电流时，将电流互感器一次侧串接于被测电路中，二次侧接电流表。

在选择电流互感器和电流表时，应注意电流表的刻度量程与电流互感器的变流比一致，否则，电流表的读数不能反映实际电流值。

图2-17所示为用电流互感器测量的几种接线。

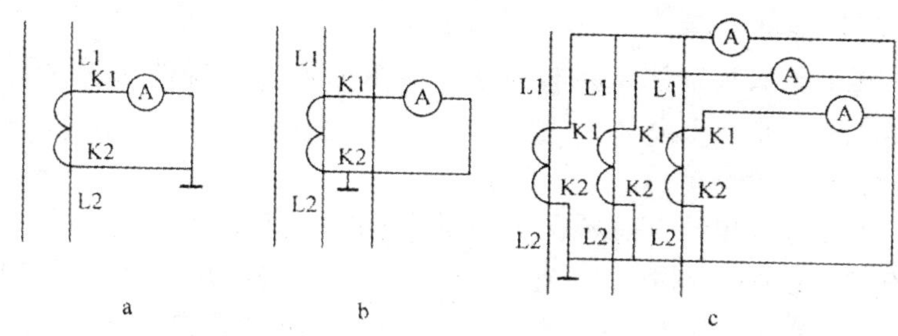

图 2-17　用电流互感器测量交流电流

a. 单相交流负载　b. 三相对称负载　c. 三相不对称负载

二、电压表

电压表与被测量电路并联，主要用于测量电路中各元器件的电压。

1. 电压表的类型

电压表主要有交直流电压表和直流电压表两种。

（1）交直流电压表。

交直流电压表可由电磁式测量机构和电动式测量机构制做成。电动式电压表与电流表一样，其测量准确度较高。在选用电压表时，应考虑被测量的性质、范围及测量精度等。

测量时，对于多量限电压表应先选用较大的量程测量，然后再视被测电压的大小减小量程，使读数超过刻度 2/3 或 1/2，在改变量程时，不允许带电变换，以免测量机构遭冲击。

（2）直流电压表。

直流电压表是磁电式表。使用直流电压表的时候，应将该表的“+”接线柱接电源的正极或高电位，“—”接线柱接电源的负极或低电位。从“+”端到“—”端为实际电压降方向，这样才能使电压表指针正偏。否则，指针会反偏。

2. 电压的测量

测量电压主要有两种方法：

（1）直接测量。

用电压表直接测量这种方法，主要针对交直流电压在 500V 及以下的交直流电路。

（2）配合测量。

电压表与电压互感器配合测量交流电压，将电压互感器一次侧跨接于被测电路中，二次侧接电压表。这种方法主要用于电压大于 500V 的交流电路中，电压互感器的二次额定电压为 100V。

测量电路如图 2-18 所示。

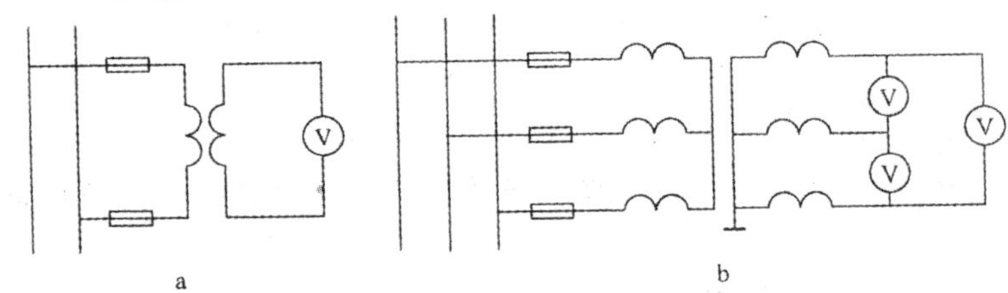

图 2-18　用电压互感器测量交流电压

a. 单相交流电路　b. 三相交流电路

三、电能的测量

电能表是专门用于测量电能的。下面主要介绍三相交流有功电能的测量和单相交流电路有功电能的测量：

1. 三相交流有功电能的测量

（1）用感应式三相三元件电能表测量三相四线制交流电路的有功电能，测量情况如图 2-19 所示。

（2）用感应式三相二元件电能表测量三相三线制交流电路的有功电能，测量情况如图 2-19 所示。

2. 单相交流电路有功电能的测量

用感应式单相电能表进行测量，测量情况如图 2-21 所示。

图 2-21a 为直接测量的单相电能表的接线，广泛应用于家用电能表的接线。相线从单相电能表的 1 端接入，2 端接出，零线从 3 端接入，4 端接出。

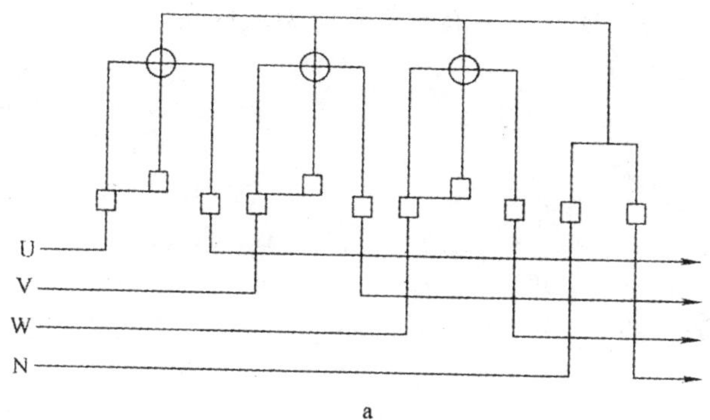

a

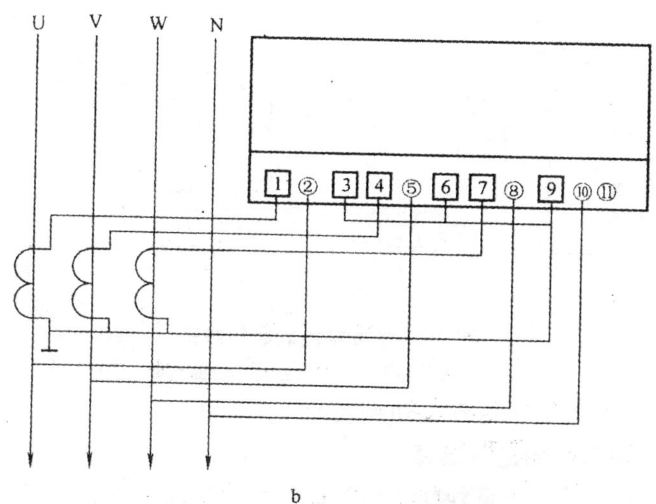

b

图 2-19　三相三元件电能表接线图

a. 直接测量　b. 带电流互感器的测量

四、功率表

功率表的测量机构由可动线圈（即电压线圈）与固定线圈（即电流线圈）组成，接线时可动线圈与被测电路并联，固定线

圈与被测电路串联。功率表是一种电动式仪表。

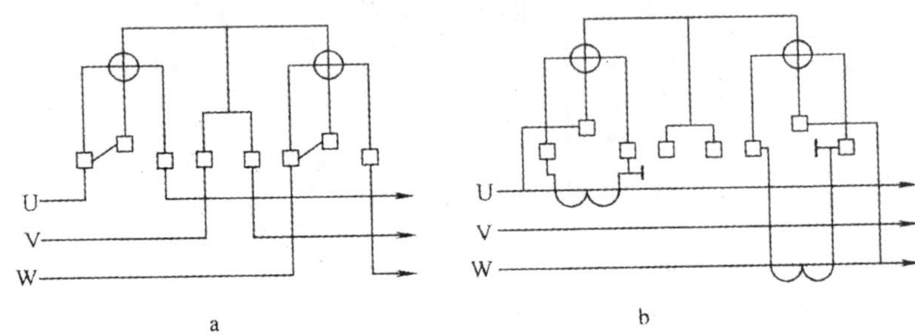

图 2-20　三相二元件电能表接线图

a. 直接测量　b. 带电流互感器的测量

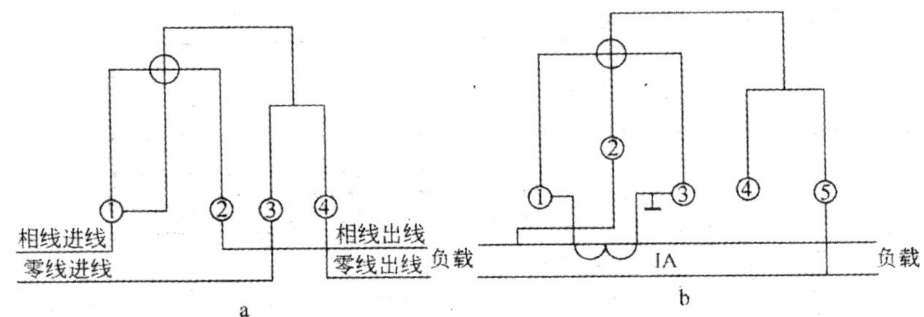

图 2-21 单相电能表的接线图

a. 直接测量　b. 带电流互感器的测量

下面主要介绍电动式功率表的使用方法：

1. 功率表的量程选择

主要包括电压量程的选择和电流量程的选择。

（1）电压量程的选择。

原则为：确保电压量程大于或等于被测电路的电压。

（2）电流量程的选择。

原则为：确保电流量程大于或等于被测电路的电流。

2. 功率表量程的扩大

扩大功率表的量程包括扩大功率表的电压量程和扩大功率表的电流量程。

（1）扩大功率表的电压量程。

改变电压量程一般在功率表的可动线圈回路串联附加电阻。通常功率表的附加电阻做成内附式多量程的。由于电流和电压量程的扩大，功率量程便相应地得到扩大。

（2）扩大功率表的电流量程。

改变电流量程，通常可将固定线圈接成串联或并联，当固定线圈串联时，电流量程为 I；当固定线圈并联时，电流量程为 2I。由于电流变大了，而匝数仍保持不变，所以，量程也就扩大了。

双量程功率表电流回路如图 2-22 所示。

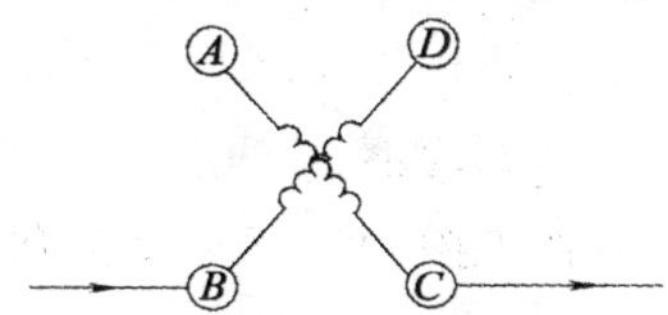

图 2-22　双量程功率表电流回路

具体回路为：A、C 端之间为一个固定线圈，B、D 端之间为另一个固定线圈。短接线时若用连接片将 A、D 相连，则两个固定线圈串联，电流量程为 I；若用连接片将 A 与 B 相连，C 与 D 相连，则两个固定线圈并联，电流量程为 2I。

3. 功率表的接线

功率表有两种连线方式：

（1）功率表的错误接线。

功率表在使用中，应避免图 2-23 所示的几种错误接线方式。

“同名端”通常用符号“＊”或“●”表示，又称“电源端”“极性端”，接线时应使两线圈的“同名端”接在同一极性上，以保证两线圈电流都能从该端流入。

在图 2-23 中，a、b 不论是按实线接法还是按虚线接法都是错误的，都是有一个线圈的极性接反了，一个线圈的电流从“●”端流进，另一个线圈电流又从“●”端流出。

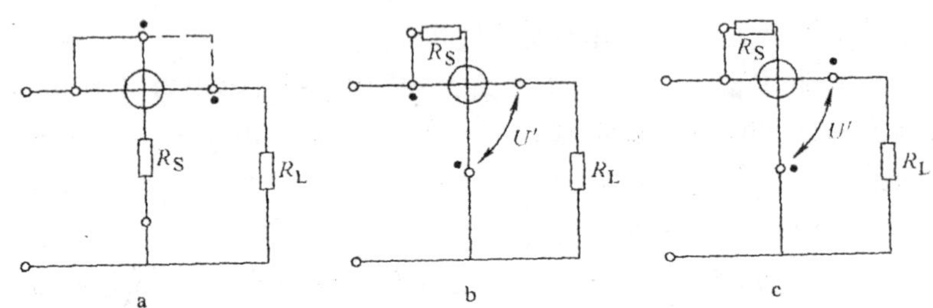

图 2-23 功率表的错误接线

对于图 2-23 中的 c，从电流的方向来看，指针不会反向偏转。但由于附加电阻值比可动线圈的阻值大得多，所以，电源电压几乎全部降在 R_S 上，这就使得固定线圈与可动线圈之间存在接近于电源电压的电位差，使两线圈之间产生一个很强的电场。这个电场既会形成附加力矩造成附加误差，又会有击穿绝缘的危险。

同样道理，图 2-23 中的 b，不但方向错误，而且 R_S 的位置也是接错的。

（2）功率表的正确接线。

功率表接线的原则：电动式仪表的转矩方向与两线圈的电流方向有关。因此，应规定一个能使指针正向偏转的电流方向，即功率表接线要遵守“同名端”守则。

按此原则，正确的接线有两种方式，如图 2-24 所示。图 2-24a 适用于负载电流较小的电路，图 2-24b 适用于负载电流较大的电路。图中 R_S 为表头内阻。

4. 电功率的测量

测量电功率的方法主要有以下几种：

（1）一只单相功率表测量三相对称电路的功率。

由于三相电路是对称的，因此，总功率等于单相功率表读数的三倍，即 $P_{总}=3P_{单}$。

接线如图 2-25 所示。

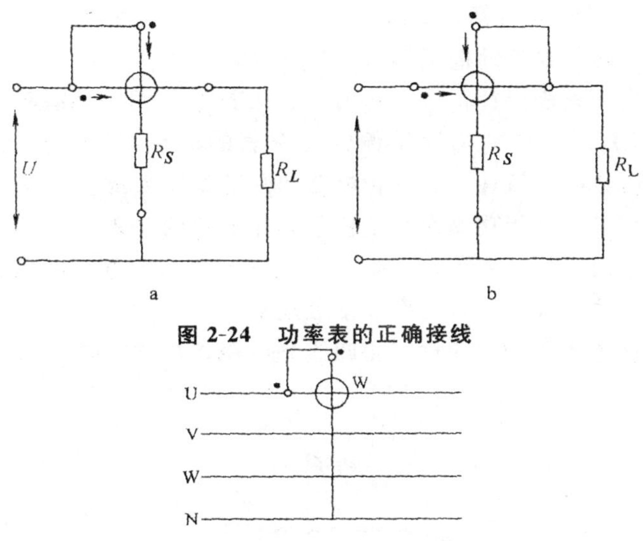

图 2-24　功率表的正确接线

图 2-25　三相对称电路的功率测量

（2）直流和单相交流电路功率的测量。

方法：将电流线圈与被测电路串联，电压线圈与被测电路并联，并保证“同名端”同极性，接线如图 2-25 所示。

（3）用两只单相功率表测量三相电路的功率。

这种方法又称“两表法”，不论三相负载对称与否，是三角形联结还是星形联结，其电路的总功率等于两只功率表读数的代数和。接线如图 2-26 所示。

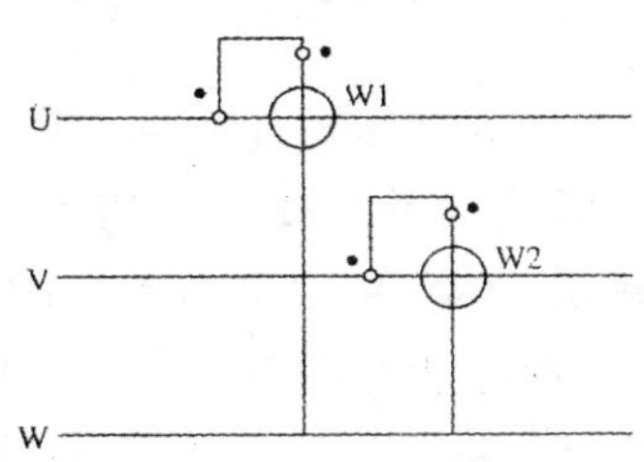

图 2-26　两表法测量三相电路的功率

从图 2-26 中可知：

①当两只表指针都正偏时，$P_{总}=P_1+P_2$。

②当一只表指针正偏，而另一只表指针反偏（负载功率因数小于 0.5）时，调整指针反偏的功率表的极性端钮，使之正偏，该表的读数以负值计入，三相电路的总功率应为两表读数之差。

（4）三只单相功率表测量任意三相电路的功率。

用三只单相功率表，分别测取每相功率，不管三相负载对称与否，总功率等于三只功率表读数之和。即 $P_{总}=P_1+P_2+P_3$。

这种方法适用于任意三相四线制电路，接线如图 2-27 所示。

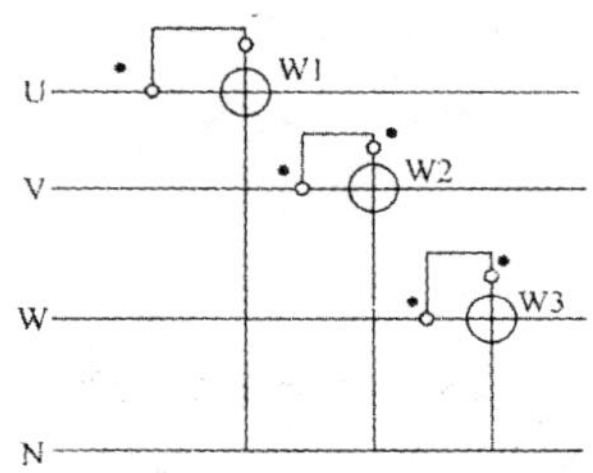

图 2-27　三相四线制电路的功率测量

五、数字式万用表

1. 数字万用表面板图

由于数字表具有读数迅速准确、准确度高、能消除视差、功能齐全、输入阻抗高及过载能力强等特点，近年来，数字式万用表的应用日益广泛。

下面是 DT－890 系列数字万用表面板图，如图 2-28 所示。

图 2-28 中，COM 为公共插孔，公共“－”或被测信号低端；A 为电流插孔，测量 200μA～200mA；10A 插孔测量大电流 200mA～10A 时用；V/Ω 插孔测量电压、电阻时用。晶体管插座测 hFE 用，测试时，将晶体管的 3 个管脚插入相应的 E、B、C 孔内；量程开关周围不同的颜色和分界线标出不同测量种类和量限；液晶显示屏 LED 在直流负输入时显示“－”，溢出时最高位

显示“1”；发光二极管连续检测导通指示；电容测试插座 C_{X1} 接电容器正极，C_{X2} 接电容器负极。

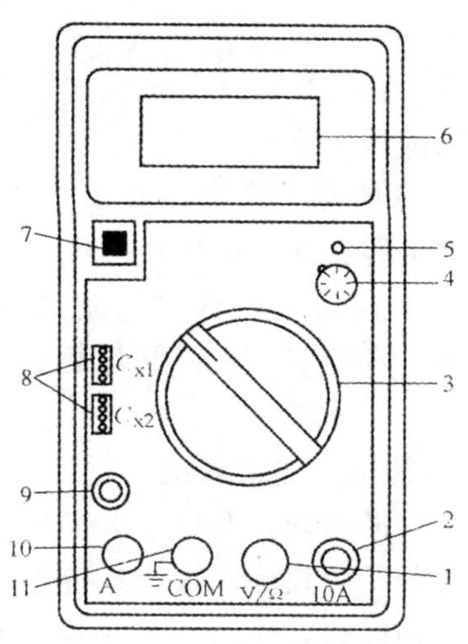

图 2-28　DT－890 系列数字万用表面板图

1. V/Ω 插孔　2. 10A 插孔　3. 量程开关　4. 晶体管插座
5. 发光二极管　6. 液晶显示屏 LED　7. 电源按键开关
.8电容测试插座　9. 电容测量调零旋钮　10. 电流插孔　11. 公共插孔

2. 数字式万用表的使用方法

数字式万用表的具体使用方法如下：

（1）开始前，先按下电源按键开关，检查电池电压，若显示“LOBAT”或“BAT”，说明电池电压过低，需更换电池；若无，则可进行测量操作。

（2）根据被测量的不同，将黑表笔插入 COM 孔，红表笔插入图 2-29 所示的相应的孔内，即可进行直流电压、交流电压、直流电流、交流电流和电阻的测量。

（3）测量晶体管 hFE：将量程转换开关置于 hFE 挡，按 NPN 或 PNP 管正确插入测试插座即可显示 hFE 值。

（4）测量开路：将量程置于“DC A”，“AC A”挡，黑红表

笔分别插入 COM 和 V/Ω 孔，表笔另两端接被测电路中的测试点，若两点间电阻小于 30Ω，蜂鸣器发声，同时发光二极管亮，表示电路导通。

（5）测量二极管：将量程转换开关置于二极管测试端，即可显示二极管的正向压降近似值。

（6）测量电容：将量程转换开关置于 CAP 处，被测电容插入电容插座中（极性电容应注意极性）即可。

注意：①测量容量较大的电容时，应先将被测电容进行放电，方能插入测量插座且稳定一定时间后再进行读数；②不能用表笔测量。

3. 数字式万用表的使用注意事项

在使用数字万用表的时候，要注意以下问题：

（1）每次测量之前，应先确认量程是否正确。

（2）当测量电流的时候，应将表笔串接在被测电路中，测量电压时应将表笔并接在被测电路中。

（3）数字万用表的交流电压挡只能直接测量低频正弦波信号电压。

（4）测量高压时要注意避免触电。

（5）更换电池或熔丝的时候，应切断电源开关，并且注意熔丝应与原熔丝规格相同。

六、指针式万用表

1. 指针式万用表的用途

一般情况下，指针式万用表可用来测量电阻、电感、电容、音频电平、直流电流、直流电压、交流电流、交流电压及晶体管的电流放大系数 β 值等。

2. 指针式万用表的使用方法

在使用指针式万用表的过程中，应遵循以下使用方法：

（1）量程选择要合适。

根据被测量的大致范围，将量程选择开关转至适当的量限上。

若测量电阻，最好使指针指在量程1/2附近；若测量电压或电流，最好使指针指在量程的1/2～2/3的范围内，这样读数较为准确。

（2）端钮（或插孔）选择要正确。

万用表的黑色测试笔连接线要接到黑色端钮上（或插入标有“－”号的插孔内），红色测试笔连接线要接到红色端钮上（或插入标有“＋”号的插孔内）。

如果是备有交直流电压为2500V量程的万用表，使用时红色测试笔接到2500V的端钮上（或插入标有“＋”号插孔），而黑色测试笔仍接黑色端钮（或插入标有“－”号的插孔内）。

（3）转换开关位置的选择。

如果是既有测量种类转换开关又有测量选择开关的万用表，使用的时候，应先根据测量对象将转换开关转到相应的位置，如要测量直流电压，先将转换开关转至“V－”挡。

（4）欧姆挡的正确使用。

欧姆挡的使用包括倍率挡选择、调零和测试。

①倍率挡的选择应以使指针停留在刻度线较稀的部分为宜，使指针尽量接近标度尺的中间部分（即中值电阻），指针越接近1/2，读数越准确，刻度越密，读数的准确度越差。

②在万用表欧姆挡测电阻之前应调零，具体操作如下：

●在选择好倍率挡后，将两根测试笔碰在一起，同时转动“调零旋钮”，使指针刚好指在欧姆标度尺的零位上。

●每换一次倍率挡，就必须调零一次，保证测量的准确性，在调零时若指针不能回到零位，说明万用表的电池电压不足，需要更换电池。

（5）正确进行读数。

在万用表标度盘上有很多标度尺，它们分别适用于不同的被

测对象。

因此，测量时既要读取对应标度尺上的读数，同时也应注意标度尺的读数和量程的配合，以免产生误差。

3. 指针式万用表的使用注意事项

（1）使用万用表之前，必需全面检查万用表的转换开关及量限开关的位置，确定没有问题后，再进行测量。

（2）在使用万用表的过程中，要注意不要用手触及测试笔的金属部分，以保证安全和测量的准确度。

（3）如果是测量较高电压或大电流时，不能带电转动转换开关，否则有可能使开关烧坏。

（4）记住不能带电测量电阻，因为欧姆挡是由干电池供电的，被测电阻不允许带电，以免损坏表头。

（5）每次使用万用表音频电平的时候，万用表刻度盘上的分贝标尺刻度是对应于交流 10V 档量程。

当音频较高时，需将量限开关转至交流 50V 档，此时所测得的实际分贝数等于表盘上的分贝数读数再加上 14。

（6）用完万用表后，应将转换开关转到“空挡”或“OFF”挡。若表盘上没有上述两挡时，可将转换开关转到交流电压最高量限挡，以防下次测量时因疏忽而损坏万用表。

七、绝缘电阻表

1. 绝缘电阻表的特性

绝缘电阻表是专用于检查和测量电气设备或供电线路的绝缘电阻的一种可携式仪表，又称兆欧表。

绝缘电阻表的组成部分主要有：测量机构、测量线路和高压电源。高压电源多采用手摇发电机，其输出电压主要有 500V、1000V、2500V 等几种。

近年来，又研制出了晶体管直流变换器来代替手摇发电机的绝缘电阻表。

2. 绝缘电阻表的使用方法

使用绝缘电阻表时，应注意以下原则：

（1）线路间绝缘电阻的测量。

在测量之前，应使线路停电。

测量方法为：被测线路分别接在线路端钮“L”上和地线端钮“E”上，用左手稳住绝缘电阻表，右手摇动手柄，速度由慢逐渐加快，并保持在转速为120r/min，持续1min，读出绝缘电阻值。

（2）电缆缆心对缆壳间的绝缘电阻的测量。

测量之前，必须使电缆停电。

测量方法：将电缆的缆心与绝缘电阻表的“L”端钮连接，缆壳与绝缘电阻表的“E”端钮连接，将缆心与缆壳之间的内层绝缘物接于绝缘电阻表的屏蔽钮“G”上，以消除因表面漏电而引起的测量误差。

（3）线路对地间绝缘电阻的测量。

测量前将被测线路停电，将被测线路接于绝缘电阻表的“L”端钮上，绝缘电阻表的“E”端钮与地线相连接。

具体测量方法同1。

（4）电动机定子绕组与机壳间绝缘电阻的测量。

电动机脱离电源之后，将电动机的定子绕组接在绝缘电阻表的“L”端钮上，机壳与绝缘电阻表的“E”端钮相连。

具体测量方法同1。

3. 绝缘电阻表使用时的注意事项

在使用绝缘电阻表的过程中，应注意以下事项：

（1）在雷电时或在附近带高电压的导线或设备上，严禁用绝缘电阻表进行测量；只有在设备不带电又不可能受其他电源感应而带电时才能进行测量。

（2）在测量之前，应将绝缘电阻表进行开路和短路试验，检查绝缘电阻表是否良好。

将两连接线“L”、“E”开路，摇动手柄，指针应立即指在“∞”处；将“L”、“E”短接，轻轻摇动手柄，指针应立即在“0”处。说明绝缘电阻表良好，否则绝缘电阻表不能使用。

（3）测量前，应先切断被测线路或设备的电源，并进行充分放电（约需 2～3min），以保证设备及人身的安全。

（4）测量之前，应将与被测线路或设备有关的所有的表计及设备退出（如电压表、功率表、电能表、电压互感器等），以免这些表计及设备的电阻影响测量结果。

（5）测量的过程中，摇动手柄的速度由慢逐渐加快，并保持转速为 120r/min，持续 1min，这时的读数才准确。

如果被测设备短路，指针指零，应立即停止摇动手柄，以防表内线圈因发热而损坏。

（6）注意绝缘电阻表接线柱与被测设备间的连接导线不能用双股绝缘线或绞线，应用单股线分开单独连接，避免因绞线的绝缘不良而引起测量误差。

（7）如果是测量电容器及较长电缆等设备的绝缘电阻，一旦测量完毕，应立即将“L”端钮的连线断开，以免被测设备向绝缘电阻表倒充电而损坏仪表。

（8）待测量完之后，在手柄未完全停止转动及被测对象没有放电之前，切不可用手触及被测对象的测量部分并拆线，以免触电。

八、互感器

1. 互感器的用途

测量用互感器分电压互感器和电流互感器两种，它们与交流仪表配合，可达到扩大仪表量程的目的。

2. 互感器的类型

互感器主要可分为电压互感器和电流互感器，现分别介绍：

（1）电压互感器

①电压互感器的原理

$$U_1/U_2=N_1/N_2=Ku$$

式中，Ku 为电压互感器电压比，因一次侧匝数 N_1 很多，而二次侧匝数 N_2 较少，故它将高电压变为低电压，一般其二次额定电压为 100V。

②电压互感器的使用方法

●选择容量。保证电压互感器二次侧的负载功率不超过电压互感器的额定容量，即 $S_{2n}\geqslant S_2$。

●选用电压等级。一般与电压互感器配合的仪表，应选用 100V 交流电压表，其面板刻度已按一次侧电压的大小设计，而电压互感器的电压比应与电压表面板上的铭牌值 U_1/U_2 相一致。

③使用电压互感器的注意事项。

●遵循"同名端"同极性原则，使用时应注意"A—a"为同名端，"X—x"为同名端。

●不允许电压互感器的二次侧短路。

因电压互感器二次侧的匝数少，一旦发生短路，电流很大，很快使互感器烧毁。因此，在电压互感器的一次、二次侧都装设熔断器，以作为短路保护。

●必须使电压互感器二次绕组的一端接地，以防止一次绕组和二次绕组之间的绝缘损坏或击穿时，一次侧的高电压串入二次侧，从而危及人身及设备的安全。

(2) 电流互感器。

①电流互感器的原理：

$$I_1/I_2=N_1/N_2=K_i$$

式中，K_i 为电流互感器的电流比，其二次额定电流为 5A。

②电流互感器的选择。

选择电流互感器时，应注意以下问题：

●在确定电流互感器的电流比时，由于电流互感器的二次额定电流，$I_{2n}=5A$，所以，应保证电流互感器一次额定电流 I_{1n} 大

于被测电路电流 I_1。

●如果是已知电流表量限而要选择电流互感器的电流比的时候，可按电流表铭牌上 I_1/I_2 确定电流比，也可以用该电流表量限除以 5 作为与该电流表相配合的电流互感器的电流比。

例如，一只电流表的满量程为 150A，则应选电流比为 150/5 的电流互感器与之相配合。

③使用电流互感器的注意事项：

●遵循“同名端”同极性原则，使用时注意“L1－K1”为同名端，“L2－K2”为同名端。

●选定容量 S_{2n} 及准确度等级（误差等级）。

额定容量 S_{2n} 应不小于电流互感器二次侧表计的总容量 S_2，即 $S_{2n} \geqslant S_2$。

电流互感器的准确度等级为 0.2、0.5、1、3、10 五个等级，电能计量一般选用 0.5 级，一般测量和继电保护选用 3、10 级。

●必须使电流互感器的二次绕组的一端接地，以防止绝缘损坏时，高压串入二次低压回路，从而危及人身及设备的安全。

●不允许电流互感器二次侧开路。

使用电流互感器时，不允许在电流互感器的二次电路中装设熔断器。

一旦二次侧开路，$I_2=0$，磁势不能平衡，一次电流全部成为励磁电流，以致铁心过热，绝缘烧毁，并且在二次侧产生危险的高电压，从而危及人身及设备的安全。

第三单元　常用电子元件简介

模块一　电 阻 器

一、电阻器简介

1. 电阻器的含义与作用

（1）电阻器的含义。

通常的情况下，电流通过物体时，该物体对通过它的电流会产生一定的阻力，这种阻碍电流的作用称为电阻。

电阻器就是人们专门生产的具有一定几何形状、一定技术性能、在电路中起到电阻作用的一种元件。它是组成电路的最基本元件之一。

电阻器用文字符号“R”来表示，其阻值的基本单位用欧姆（希腊字母 Ω）来度量。此外，电阻的辅助单位有 kΩ 和 MΩ，其换算关系如下：

$$1M\Omega=10^3k\Omega=10^6\Omega$$

（2）电阻器的作用。

电流通过电阻器时，会产生热效应。电阻器在电路中起到降低电压、限制电流、分配电压的作用，以调节和稳定电路中的电流和电压；电阻器还起到负载的作用。

2. 电阻器的分类

根据电阻器的结构特点及在电路中的作用，一般可分为可变电阻器和固定电阻器两种。下面分别介绍这两种电阻器：

（1）可变电阻器。

可变电阻器是一种阻值连续可调的电阻器，又称变阻器或电位器。它主要用在阻值需要经常变动的电路中，主要是用来调节音量、音调、电压、电流和功率等。

（1）电位器的分类：

①按电阻体的材料不同，电位器可分为炭膜电位器和线绕电位器。

●炭膜电位器的电阻体是在绝缘基体上蒸涂一层炭膜制成的。其特点是：绝缘性好、结构简单、噪声小、成本低，因而，广泛用于家用电子产品中。

●线绕电位器是用康铜丝和镍铬合金丝绕在一个环状支架上制成的。其特点是：耐高温、功率大、热稳定性好、噪声低。它的阻值变化通常是线性的。所以，通常用于大电流调节的电路中，又由于这种电位器呈现的电感量大，不宜用在高频电路场合。

②按调节方式不同，电位器可分为旋转式和直滑式电位器，如图 3-1 所示。

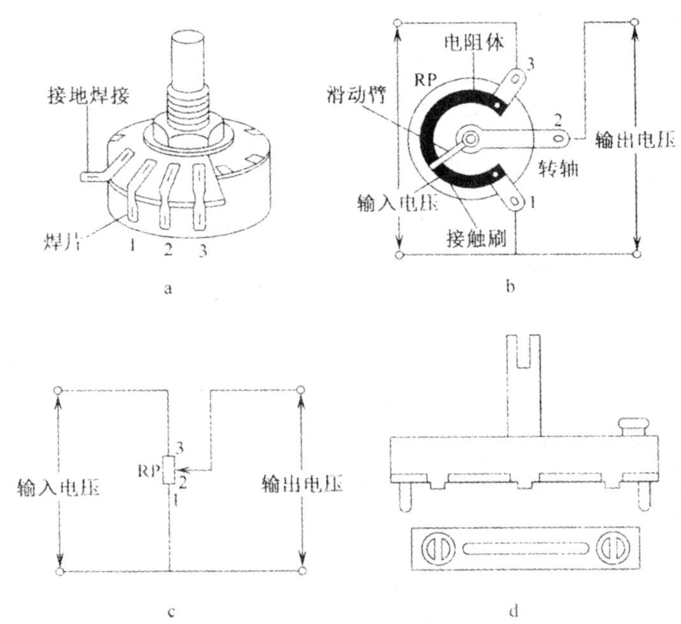

图 3-1　电位器的结构及图形符号

a. 外形；b. 连接方法；c. 等效电路；d. 直滑式电位器

除上述分类外，还有实心电位器、精细多圈微调电位器和微型蜗轮式电位器，如图 3-2 所示。它们的电阻体是由炭黑、石墨与云母粉或石英粉加黏合剂调和而制成。

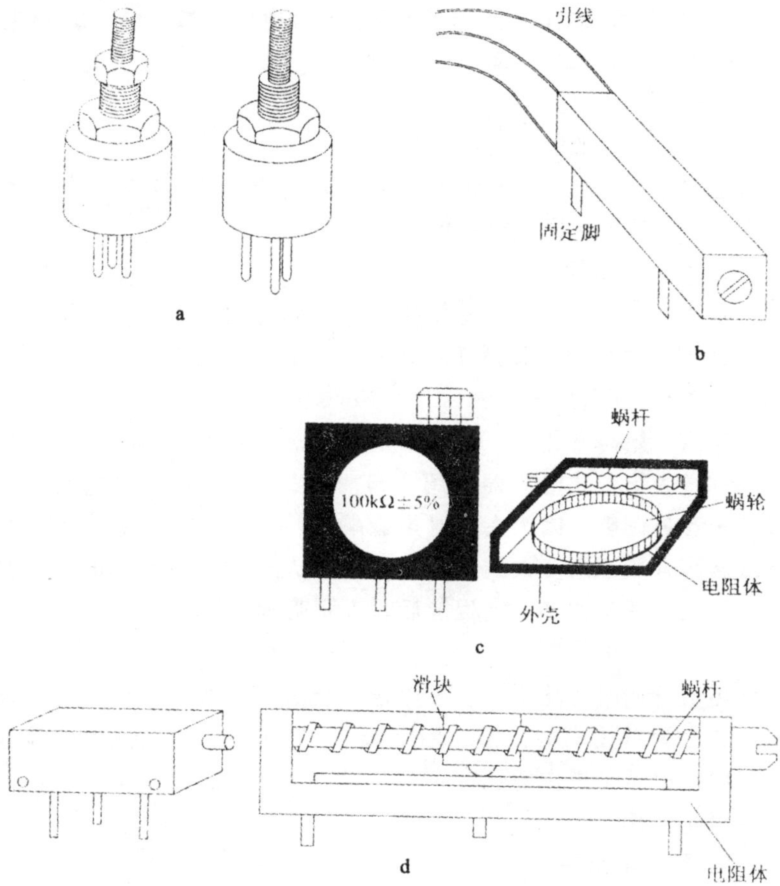

a

引线

固定脚

b

100kΩ±5%

蜗杆

蜗轮

电阻体

外壳

c

滑块

蜗杆

d

电阻体

图 3-2 其他电位器的结构

a. 实心电位器 b. 精细多圈微调电位器 c. 微型蜗轮式 d. 可变电阻体

（2）电位器的组成。

尽管电位器的结构和外形上有很大的变化，但电位器总有3个引出端，一个为活动端；两个为固定端，其间阻值最大。

活动端是一个与轴相连的簧片，簧片与电阻片弹性接触，转动轴可改变1～2点间和2～3点间的触点位置，从而改变1～2点间和2～3点间的电阻值。当1～2点间的电阻值减小时，2～3点间的电阻值随之增加，而1～2点间与2～3点间的电阻值之和应为电位器的标称电阻值。

（3）电位器的阻值变化规律。

这主要是指轴的旋转角度与电阻值变化关系的规律。根据电阻值变化规律的不同，可将电位器分为：

①线性电位器

阻值随转轴角度均匀变化的电位器称为线性电位器，用字母“X”表示；线性电位器适用于作分压、分流、调节音调等。

②指数式电位器

阻值开始时变化小，以后阻值变化逐渐加快，近似呈指数规律，称之为指数式电位器，用字母“Z”表示；指数式电位器一般用于音量调整，因为人耳对声音响度特性近似于指数关系，当音量从零开始逐渐变大的一段过程中，人耳对音量变化的听觉灵敏度高，当音量达到一定程度后，人耳听觉逐渐变得迟钝。

③对数式电位器

阻值开始时变化大，以后阻值变化逐渐减慢，近似呈对数规律，称之为对数式电位器，用字母“D”表示；对数式电位器应用于电视机调整黑白对比度中，这是因为人的视觉与信号强度的对数呈正比例。

2. 固定电阻器

固定电阻器的阻值相对固定，也不易随工作温度的影响，一经制成不再改变。固定电阻器可分非线绕电阻器和线绕电阻器两类。下面主要介绍这两种固定电阻器：

（1）非线绕电阻器。

非线绕电阻器又可分为实心电阻器、薄膜电阻器和金属玻璃釉电阻器等。

①实心电阻器是由石墨和炭黑等导电材料及不良导电材料混合并加入黏结剂后压制而成的。其特点是：机械强度高、成本低，但阻值误差大，对电压和温度稳定性差。

②薄膜电阻器是利用蒸镀的方法将具有一定电阻率的材料蒸镀在绝缘材料表面制成的。常用的被蒸镀材料是碳或某些金属合金，因而，薄膜电阻有金属膜电阻（用“RJ”标志）和碳膜电阻（用“RT”标志）之分。

●金属膜电阻器耐热性、噪声指标、温度指标都比炭膜电阻器好，体积小（它在同样额定功率下约为炭膜电阻器的一半），精度可达±0.5％～±0.05％。但作脉冲负载稳定性差，价格较贵。

金属膜电阻具有较高的耐高温性能，温度系数小，热稳定性好，噪声小等优点，价格便宜。

●碳膜电阻器的基本结构如图 3-3 所示。

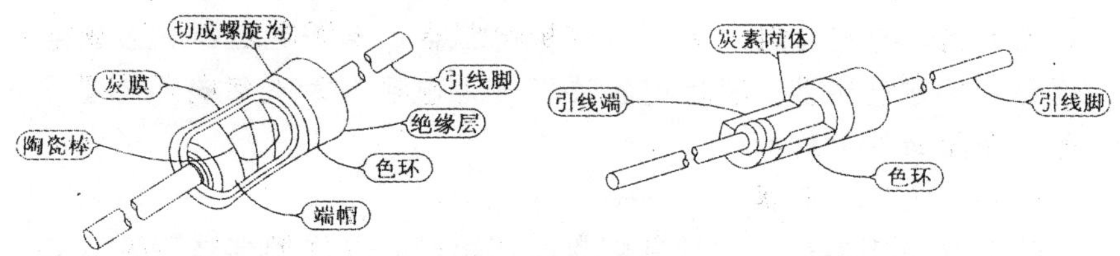

图 3-3　炭膜电阻器的结构图

炭膜电阻器的稳定性好，受电压和频率的影响小，负温度系数不大，作脉冲负载稳定，造价低，家电产品中大多数采用炭膜电阻器。

③金属玻璃釉是由贵金属银、钯、铹、钌等金属氧化物和玻璃釉黏合剂混合成浆料，涂覆盖在陶瓷基体上，经高温烧结制成。

金属玻璃釉电阻器具有耐高温、功率大、阻值宽、温度系数小、耐湿性好的特点，该电阻器又称厚膜电阻器。

（2）线绕电阻器。

用镍铬合金、锰钢合金等电阻丝绕在绝缘支架上制成的，其外面涂有耐热的釉绝缘层，或用较粗的金属导线直接绕成空心形状，就是线绕电阻器，其外形如图 3-4 所示。线绕电阻器一般可承受较大的电功率。

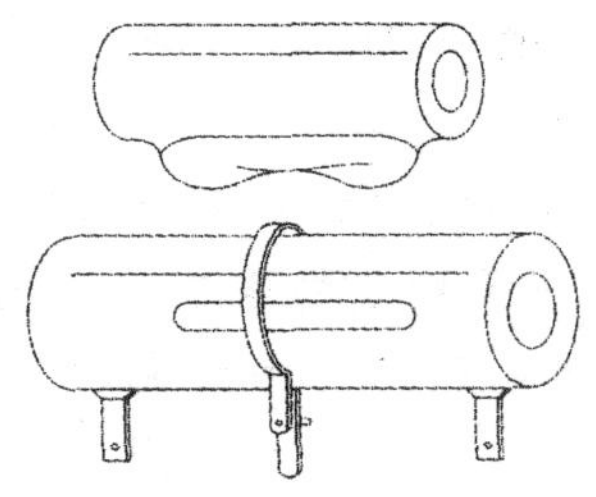

图 3-4　线绕电阻器外形图

3. 与上述电阻器不同的特殊电阻器

特殊电阻器是指其组成材料特殊或工作原理与上述的电阻器有所不同。这些电阻器主要有熔断电阻器、水泥电阻器、湿敏电阻器、热敏电阻器、磁敏电阻器、气敏电阻器和光敏电阻器等 7 种，下面分别介绍：

（1）熔断电阻器。

熔断电阻器是一种具有熔断丝（熔丝）及电阻器作用的双重功能元件，又名熔丝电阻器。

①熔断电阻器的特征。

在规定的负荷功率和使用环境温度范围内有普通电阻的特性：当电路发生故障，出现过载、过流和短路情况，电阻中的电流超过额定值（即超过额定功率）时，熔断电阻器能按预定的电流和功率在过负荷时间内断开，相当于一般熔断丝。

因此，它又被称为易熔电阻器和防火电阻器。

②熔断电阻器的规格。

熔断电阻器经常使用在电源电路和电机驱动电路中，符号与外形如图 3-5 所示。

熔断电阻器的额定功率一般有 0.25 W、0.5 W、1 W、2 W、3 W 等多种规格，阻值为零点几欧姆至十欧姆，少数为几十欧姆至几千欧姆。

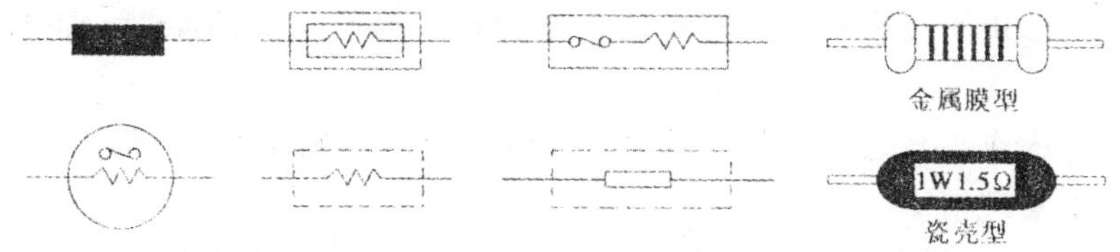

图 3-5　常见熔断电阻器的符号与外形图

③熔断电阻器的阻值。

熔断电阻器多为灰色，用色环或数字表示阻值。熔断电阻器的熔断时间一般为 10～60 s。

（2）水泥电阻器。

水泥电阻器是一种陶瓷绝缘的功率型线绕电阻器，例如，彩色电视机中的大功率电阻，其结构如图 3-6 所示。

水泥电阻器主要有立式（如 HX-27 型）与卧式（如 RX27-3 型）两类。

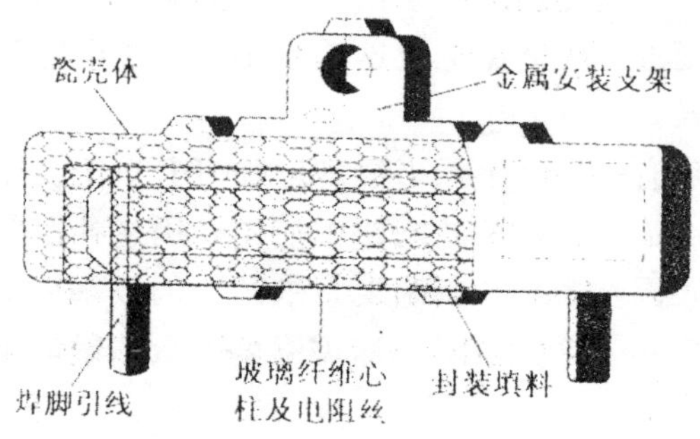

图 3-6　水泥电阻器的结构

水泥电阻器具有如下特点：

①由于采用工业高频电子陶瓷外壳，所以，具有优良的绝缘性能，绝缘电阻大于 100 MΩ。

②具有多种外形和安装方式，可直接安装在印制电路板上，也可利用金属支架独立安装。

③采用陶瓷散热好，功率大，矿质材料包封。

④由于电阻丝被严密包封于陶瓷内，具有优良的阻燃、防爆特性。

⑤电阻丝选用康铜、锰铜、镍铬等合金材料，有较好稳定性和过负载能力。

⑥电阻丝同焊脚引线之间采用压接方式，在负载短路的情况下，可迅速在压接处熔断，进行电路保护。

（3）湿敏电阻器。

湿敏电阻器常用来作传感器，即用于检测湿度。湿敏电阻器的种类很多，常用的有陶瓷湿敏电阻器、硅湿敏电阻器、高分子聚合物湿敏电阻器、氯化锂湿敏电阻器等。

（4）热敏电阻器。

一般情况下，当温度上升时，电阻器的阻值有微小的变化（增大），而热敏电阻器的阻值则随温度变化而增大或减小。例如，电视机中的消磁电阻中采用了热敏电阻器，温度增加时其电阻值也迅速增加，使消磁电流迅速减小，这类电阻器称正温度系数热敏电阻器。

另外，还有一些电阻器当温度增加时其电阻值变小，主要在要求电压、电流稳定性高的电路中使用，用来补偿普通电阻变大的影响，即正温度系数和负温度系数产生的效果相抵消，使电路不受温度的影响，这类电阻器称负温度系数热敏电阻器，这种电阻器用 RT 表示。

目前负温度系数电阻器用得较多，其可分为稳压型负温度系数热敏电阻器、普通型负温度系数热敏电阻器、测温型负温度系数热敏电阻器等。

（5）磁敏电阻器。

磁敏电阻器是利用磁电效应能改变电阻器的电阻值的原理制成的，其阻值会随穿过它的磁通量密度的变化而变化。

磁敏电阻器的显著特点是：在弱磁场中阻值与磁场成平方关系，并有很高的灵敏度。

（6）气敏电阻器。

气敏电阻器是一种新型半导体元件，它是利用金属氧化物半导体表面吸收某种气体分子时，会发生氧化反应或还原反应，使电阻值改变的特性而制成的电阻器。煤气报警器、气体浓度和气体溢出检测等都使用到气敏电阻器。

（7）光敏电阻器。

光敏电阻器大多数是由半导体材料制成的。光敏电阻器常用于光控水阀或光控开关之中。

光敏电阻器是利用半导体的光导电特性，使电阻器的电阻值随入射光线的强弱发生变化。当入射光线减弱时，它的阻值会显著增大；当入射光线增强时，它的阻值会明显减小。

光敏电阻器的外形结构多为片状，其外形结构和图形符号如图 3-7 所示。

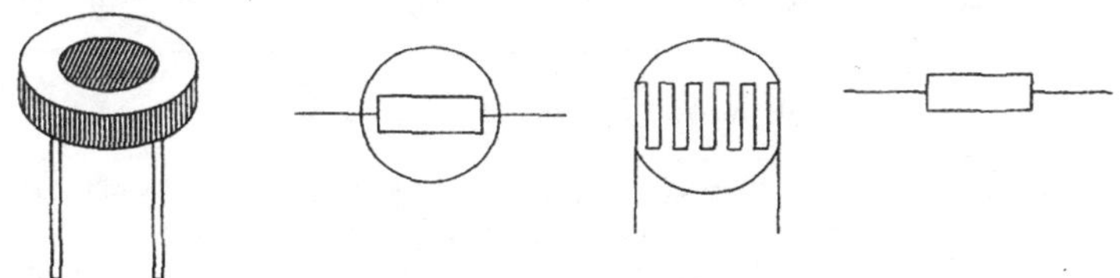

图 3-7　光敏电阻器的外形和图形符号

二、电阻器的主要参数介绍

电阻器的主要参数有：额定功率、标称阻值和允许偏差。下面分别介绍：

1. 额定功率

当在一定大气压和规定的温度环境下，电阻器在直流或交流电路中，长期连续工作所允许承受的最大功率，就是额定功率。

额定功率的基本单位是 W，大于 1 W 的电阻器直接用阿拉伯数字来表示，小于 1 W 的电阻器在电路中常不标出额定功率的数字，而采用图形符号来表示，在电路中表示电阻器额定功率的图形符号如图 3-8 所示。

图 3-8 电阻器的额定功率符号

由于电流通过电阻产生热效应，这种热量通过传导、对流和辐射等 3 种形式向电阻器周围的空间散发。如果电阻器工作时的热量得不到有效地散发，会引起电阻阻值变化，引起电路工作的失常，过热时甚至会烧毁电阻器。

因此，在使用电阻器时，不允许超过其额定功率。线绕电阻器和非线绕电阻器的额定功率见表 3-1 所示。

表 3-1 电阻器额定功率

名　　称	额定功率（W）
线绕电阻器	0.05，0.0125，0.25，0.5，1，2，4，8，10，16，25，40，50，70，100，250，500
非线绕电阻器	0.05，0.125，0.25，0.5，1，2，4，8，10，16，25，40，50，100

2. 标称阻值

电阻器的标称阻值是指在电阻器表面所标出的阻值。为了便于使用者选用和工厂的生产，电阻器所有的标称阻值必须符合一定的阻值系列。

根据有关国家标准，通用电阻器标准阻值有 E24、E12 和 E6 系列，见表 3-2 所示，常用的 E24 系列商用电阻器阻值范围见表 3-3 所示。

表 3-2　通用电阻器的标称阻值系列

系　列	偏　差	电阻器的标称值系列
E24	Ⅰ：±5%	1.0，1.1，1.2，1.3，1.5，1.6，1.8，2.0 2.2，2.4，2.7，3.0，3.3，3.6，3.9，4.3，4.75， 5.1，5.6，6.2，6.8，7.5，8.2 9.1
E12	Ⅱ：±10%	1.0，1.2，1.5，1.8，2.2，2.7，3.3，3.9，4.7， 5.6，6.8，8.2
E6	Ⅲ：±20%	1.0，1.5，2.2，3.3，4.7，6.8

表 3-3　商用电阻器标准数值（E24 系列）

欧（Ω）					千欧（kΩ）		兆欧（MΩ）	
0.10	1.0	10	100	1 000	10	100	1.0	10
0.11	1.1	11	110	1 100	11	110	1.1	11
0.12	1.2	12	120	1 200	12	120	1.2	12
0.13	1.3	13	130	1 300	13	130	1.3	13
0.15	1.5	15	150	1 500	15	150	1.5	15
0.16	1.6	16	160	1 600	16	160	1.6	16
0.18	1.8	18	180	1 800	18	180	1.8	18
0.20	2.0	20	200	2 000	20	200	2.0	20
0.22	2.2	22	220	2 200	22	220	2.2	22
0.24	2.4	24	240	2 400	24	240	2.4	

（续）

欧（Ω）					千欧（kΩ）		兆欧（MΩ）	
0.27	2.7	27	270	2 700	27	270	2.7	
0.30	3.0	30	300	3 000	30	300	3.0	
0.33	3.3	33	330	3 300	33	330	3.3	
0.36	3.6	36	360	3 600	36	360	3.6	
0.39	3.9	39	390	3 900	39	390	3.9	
0.43	4.3	43	430	4 300	43	430	4.3	
0.47	4.7	47	470	4 700	47	470	4.7	
0.51	5.1	51	510	5 100	51	510	5.1	
0.56	5.6	56	560	5 600	56	560	5.6	
0.62	6.2	62	620	6 200	62	620	6.2	
0.68	6.8	68	680	6 800	68	680	6.8	
0.75	7.5	75	750	7 500	75	750	7.5	
0.82	8.2	82	820	8 200	82	820	8.2	
0.91	9.1	91	910	9 100	91	910	9.1	

3. 允许偏差

由于电阻阻值的不一致性，电阻器在大批生产过程中，实际值偏离标称阻值，因而，产生了误差。阻值误差＝［（电阻实际值－标称阻值）/标称阻值］×100％。

符合出厂标准的误差称为允许偏差。允许偏差通常可分为对称偏差和不对称偏差，大部分电阻器都采用对称偏差，其规定为：

普通偏差：±5%；±10%；±20%；

精密偏差：±0.5%；±1%；±2%。

三、电阻器的识别与选用

1. 电阻器的识别

根据电阻器的外形结构、基本参数和标注说明，可以初步识别电阻器的种类。

(1) 电阻器的标称电阻识别。

电阻器的标称电阻直接标志在电阻器的表面上，其标志方法主要有文字符号法、色标法、直标法。此外，数码法只用以标志电阻器的阻值。

①文字符号法。

将表出的标称阻值有规律地组合标志在产品表面上的方法，就是文字符号法。

文字符号法的规律是：阻值的整数部分写在阻值单位标志符号的前面，阻值的小数部分写在阻值单位标志的后面。

例如，0.33 Ω 标志符号标为 Ω33；5.1 Ω 标志符号标为 5Ω1；4.7 kΩ 标志符号标为 4k7；2200 kΩ 标志符号标为 2M2 等字样。

②色标法。

用不同颜色的色带（色环）或色点，在产品上标志其主要参数的方法，就是色标法。在电阻体表面用不同的颜色代表电阻器的阻值和偏差，各种色环所代表的具体意义如图 3-9 所示。

③直标法。

直标法是指在大功率电阻器上，一般直接用油墨或颜料将标称阻值和允许偏差印在上面。但在小功率电阻器上，更常用一种阿拉伯数字来表示，单位用字母符号（Ω、kΩ、MΩ 等）表示；允许偏差用百分数表示。例如，4.7 kΩ±5%、2.2 MΩ±5%等。

直标法具有直观清楚，易识别等优点，但它的数字和小数点

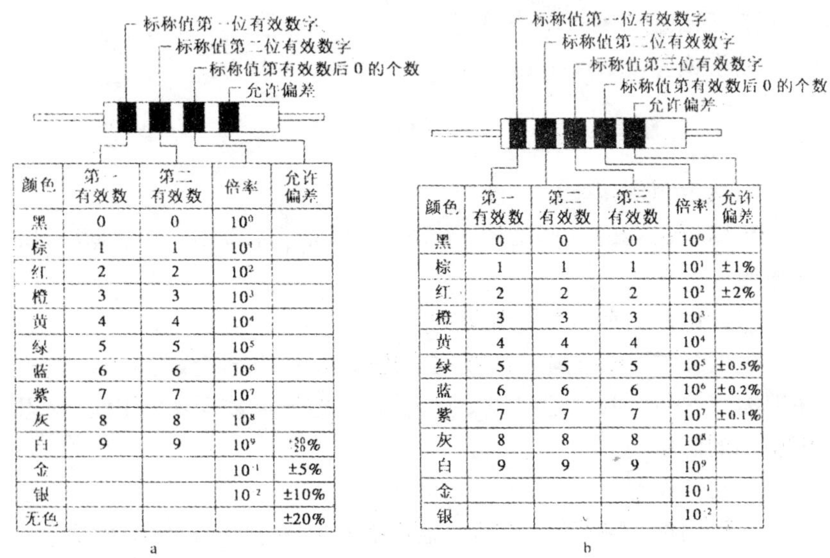

颜色	第一有效数	第二有效数	倍率	允许偏差
黑	0	0	10^0	
棕	1	1	10^1	
红	2	2	10^2	
橙	3	3	10^3	
黄	4	4	10^4	
绿	5	5	10^5	
蓝	6	6	10^6	
紫	7	7	10^7	
灰	8	8	10^8	
白	9	9	10^9	$^{+50}_{-20}\%$
金			10^{-1}	±5%
银			10^{-2}	±10%
无色				±20%

a

颜色	第一有效数	第二有效数	第三有效数	倍率	允许偏差
黑	0	0	0	10^0	
棕	1	1	1	10^1	±1%
红	2	2	2	10^2	±2%
橙	3	3	3	10^3	
黄	4	4	4	10^4	
绿	5	5	5	10^5	±0.5%
蓝	6	6	6	10^6	±0.2%
紫	7	7	7	10^7	±0.1%
灰	8	8	8	10^8	
白	9	9	9	10^9	
金				10^{-1}	
银				10^{-2}	

b

图 2-9　电阻器与偏差的色标法

a. 四环电阻色标方法　　b. 五环电阻色标方法

容易失落，且存在着字体朝下、安装不易识读等缺点。

因此，此类标识方法只使用于大中型电阻器上的参数标注。

④数码法。

采用数字编码的方法来标注电阻器的阻值，就是数码法。

数码法由 3 位数组成，第一、第二位两个数字代表电阻阻值的头两位数的有效数字，第三位数字代表乘数 10n 的指数 n；第二位数字若改为字母 R，则 R 表示小数点，其单位为欧，例如：

标志	阻值
010	1×100＝1 Ω
330	33×100＝33 Ω
561	56×101＝560 Ω
123	12×103＝12 kΩ
1R2	1＋0.2＝1.2 Ω

(2) 允许偏差的识别。

允许偏差的表示方法主要有直标法、罗马法、符号法和色标法 4 种，如表 2-4 所示。

表 2-4　常用的对称偏差表示方法

直标法	罗马法	符号法	色标法
±0.5%		D	绿
±1%		F	棕
2%		G	红
±5%	Ⅰ	J	金
±10%	Ⅱ	K	银
±20%	Ⅲ	M	无色

2. 电阻器的选用

应根据产品的性能要求和使用条件来决定家用电子产品中应选用什么类型的电阻器。除了考虑电气性能要求以外，还应考虑成本、产品安装位置等诸因素。不宜片面地选用高精度或非标准系列的电阻产品。下面是电阻器选用的一些规则：

(1) 为保证电阻器的可靠、安全、经济地工作，选用电阻器的额定功率应是电路实际承受功率的 1.2～1.5 倍。额定功率太低对电路的正常工作不利，太高也无必要，而且往往使产品体积庞大、成本增加，造成浪费。

(2) 在一些大功率的设备中，则选用线绕电阻器，如需要增加过载保护的功能，还可选用水泥电器或熔断电阻器。

(3) 对于一般的收录机、电视机，可以使用普通精度的碳膜电阻器、金属膜电阻器。

(4) 对于高档的组合音响、电视机等，可以使用高精度的碳

膜电阻器、金属膜电阻器以及线绕电阻器。

模块二 电感器

一、电感器的特征和用途

1. 电感器的特征

电感元件是将导线绕成空心圆圈的形状制成的，绕制的匝数越多，电感量就越大。电感元件也是一种储能元件，它把电能转换成磁能并贮存起来。

电感元件在电路中通常用字母“L”表示，电感量的单位是“亨利”，简称“亨”，用字母“H”表示，使用更多的为“毫亨”（mH）和“微亨”（μH）单位。它们之间的关系是：

$$1\ \text{H} = 10^3\ \text{mH} = 10^6\ \mu\text{H}$$

电感元件具有阻止电流变化的特性，同一电感元件，通过的交流电流的频率越高，则呈现的阻抗越大。其特点是对直流呈现很小的电阻（近似于短路），对交流呈现较大的电阻，且阻值的大小与所通过的交流信号的频率有关。

2. 电感器的用途

电感器在电子产品中常用如下用途：

（1）在高频电路中，作为高频信号的负载；

（2）作滤波线圈阻止交流干扰；

（3）利用电磁的感应特性制成磁性元件，如磁头、电磁铁等器件；

（4）作谐振线圈与电容组成谐振电路；

（5）制成变压器传递交流信号。

二、电感器的种类

电感线圈是应用电磁感应原理制成的元件，它是用导线在绝

缘骨架上单层绕制而成的一种电子元件（也有少数不用骨架的线圈）。其主要有微调电感、色码电感、固定电感等三种，现分别介绍：

1. 微调电感

微调电感线圈，一般都有一个可插入的磁心，通过改变磁心在线圈中的位置来调节电感量的大小。

2. 色码电感

色码电感是一种小型的固定电感器，是将线圈绕制在软磁铁氧体的基体（磁心）上，再用环氧树脂或塑料封装，并在其外壳上标以色环或直接用数字表明电感量的数值，它是一种磁心线圈。

这种电感线圈的工作频率为 10～200 kHz，电感量一般为 0.1～3300 μH。高频采用镍锌铁氧体材料，低频多用锰锌铁氧体材料。

若标以色环，其电感量的识别与色环电阻一样，数字和颜色的对应关系是一样的，要注意的是第三条色环是表示有效数字乘以 10 的乘方，L 单位是微亨。

电感量标称值按 E12 系列分别有 1.0，1.2，1.5，1.8，2.2，2.7，3.3，3.9，4.7，5.6，6.8，8.2 乘以 10^{-1}、10^{0}、10^{1}、10^{2}……所得数值。

3. 固定电感

固定电感线圈常用在收音机中的低频扼流圈、高频扼流圈中一般用较粗铜线或镀银铜线采用平绕或间绕方式制成的。

低频扼流圈是在绕好的空心线圈中插入铁心（硅钢片）而制成的大电感量的电感器，其电感量一般为数亨，常用在音频或电源滤波电路中（如图 3-10 所示）。

三、电感器的主要参数介绍

电感器的参数主要有额定工作电流、分布电容、品质因数以

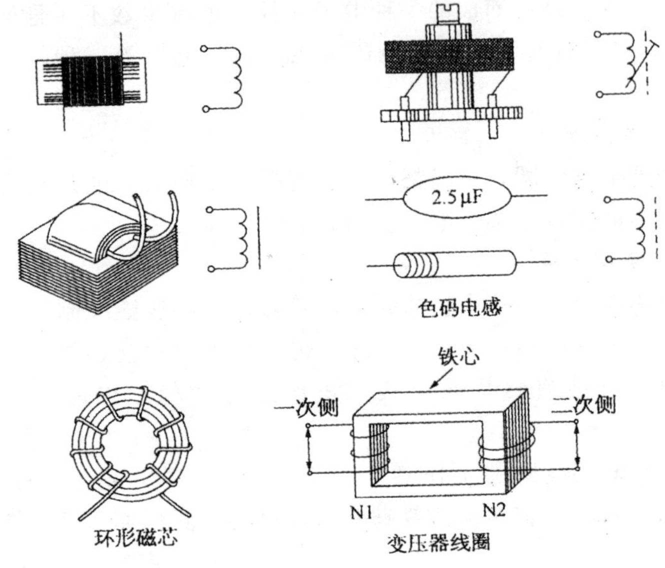

图 3-10 各种电感线圈的外形与图形符号

及电感量等，现分别介绍如下：

1. 额定工作电流

额定工作电流是指电感器工作时允许通过的电流大小。为了安全起见，电感器在工作时流过的电流应小于额定工作电流，否则电感器会因过热而烧坏。

2. 分布电容

分布电容存在于线圈的相邻两圈导线之间，也存在于多层绕组层与层之间。线圈的匝数越多，匝间的距离越小，则分布的电容量就越大。可以采用间绕法、分段选绕法、蜂房式绕法来减少分布电容量。

3. 品质因数

品质因数（Q）是衡量线圈损耗大小的物理量。损耗小，则 Q 值高；损耗大，则 Q 值低。高频线圈的 Q 值一般为 50～300。

Q 值的大小，直接会影响到回路的选择性、效率、滤波特性

以及频率的稳定性。一般均希望线圈的 Q 值大些。提高 Q 值的方法有多种，如采用多股绝缘线（中波天线线圈）代替具有同样截面积的单股线，来减少线圈的直流电阻；采用介质损耗小的高频瓷为骨架，可以减少介质损耗；在线圈中加入磁心等方法来增大电感量；采用涂银铜线（短波天线线圈），以减少高频电阻等等。

用低 Q 值的线圈与电容器组成的谐振电路，其谐振特性不明显；对调谐回路线圈 Q 值要求较高，用高 Q 值的线圈与电容器组成的谐振电路有更好的选频特性；对耦合线圈，要求可低些；对高频扼流圈和低频扼流圈，通常无要求。

4. 电感量

电感量是电感器的主要参数之一，它的标称单位是亨利（H），更小的单位是毫亨（mH）和微亨（μH）。

线圈的直径越大、匝数越多，线圈的电感量就越大。

四、电感器的识别、选用与检测

1. 电感器的识别

电感器的识别方法如下：

（1）采用直标法、文字符号法等方法直接表明电感器的一些主要参数。如文字符号法中表注 2 μ2、4m7 等字样说明电感器的电感量。

（2）用色标法（色点法和色环法）等方法在电感器上标识其电感量类似于色环电阻器标称阻值的标法，所不同只是其单位是微亨。

2. 电感器的选用

选用电感器应考虑其具体使用的场合、作用、电路要求、环境和成本等因素。

例如，为了增加电感量，可根据电感器的工作范围来选配材料作磁心，如高频采用镍锌铁氧体材料，低频多用锰锌铁氧体材

料；在高频电路中宜采用涂银导线制成空心线圈以解决高频电流的“集肤效应”。

3. 电感器的检测

使用万用表“欧姆”挡测量电感器的直流电阻可初步检测其质量好坏。具体检测方法为：

（1）如果所测的电阻很大，呈现电阻无穷大（表针指示在R＝∞处），则说明线圈内部已断线。若测量的阻值小于标准的同电感量阻值，说明线圈内部有短路现象，所测得电阻越小，短路现象就越严重。

（2）如果是多个绕组的线圈，应使用万用表分别检查每个绕组之间有无短路和开路现象。对具有磁心或带有金属屏蔽罩的线圈，则应检查它的线圈与铁心或金属屏蔽罩之间是否短路。

模块三　电 容 器

两块金属板相对平行地放置而不相接触就构成了最简单的电容器。电容器是组成电路的基本元件之一，它是一种能贮存电能的元件。

一、电容器的应用及分类

1. 电容器的应用

电容器用文字符号“C”来表示。电容器的图形符号如图3－11所示。

电容器允许交流电流通过而阻止直流电流通过。在电子技术和通信技术、电工、机械加工中应用非常广泛。

例如：在电子技术和通信技术中，利用电容器可以起到耦合、隔直、滤波、调谐、旁路和选频等作用；在电力系统中，利用电容器可以改善系统的功率因数；在机械加工中，利用电容器可以进行电火花加工。

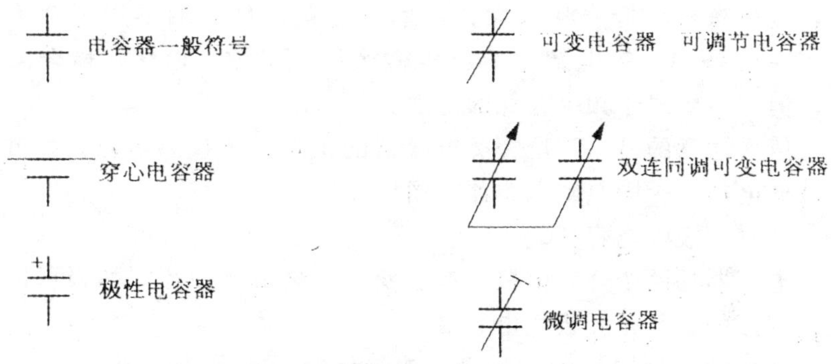

图 3－11　电容器的图形符号

2. 电容器的分类

电容器主要有以下几种：

（1）微调电容器。

微调电容器是指电容量在较小的范围内进行调整的电容器，如 2/7 pF、5/25 pF 等。

微调电容器主要用在晶体振荡电路中微调晶振频率的场合中，以及在收音机中微调天线谐振同路和本振调谐回路的频率中等。

（2）固定电容器。

固定电容器是指电容量不可调节的电容器。固定电容器主要有有极性电容器和无极性电容器两种。下面分别介绍这两种电容器：

①有极性电容器。

通常所说的电解电容器，就是有极性电容器。如钽电解电容器、铌电解电容器和铝电解电容器等。

钽、铌电解电容器的特点是体积更小，温度性能好，稳定性好，漏电流小，机械强度高，使用寿命长，但价格高，常用于高精度设备中。

铝电解电容器的特点是体积小、容量大，与无极性电容器相

比，其绝缘电阻低、漏电大、频率特性差，且长期不用还会失效。在电路中，铝电解电容器常做旁路、滤波、退耦、耦合之用，但是主要限于频率较低的范围。

值得注意的是，不论哪类电容器的正极必须接高电位，而负极接低电位，否则电解电容器会损坏。

（2）无极性电容器。

电容器的两个金属电极没有正负极性之分，使用时两极可以交换连接的，就是无极性电容器。

无极性电容器的种类很多，按绝缘介质可分为云母电容器、纸介电容器、瓷介电容器、聚苯乙烯电容器、涤纶电容器、独石电容器等。

云母电容器的特点是稳定性好、损耗小、耐高温高压，但容量较小，常用于高频电路中。

纸介电容器的价格低、损耗大、体积大、稳定性差，且存在较大的同有电感，因而，不适合在频率较高的场合使用。

瓷介电容器有近似云母电容器的特点，且价格低、体积小。

聚苯乙烯电容器、涤纶电容器和独石电容器的特点是体积小、成本低、电容量大，但耐压不易做得很高。

无极性电容器的类别及外形如图 3－12 所示。

3. 可调电容器

可调电容器是指电容量可在较大范围内连续可调的电容器，如用在收音机输入调谐回路和振荡回路中 7/270 pF×2 的双联电容器，就属于可调电容器。可调电容器主要用在接收机中信号的选择（也称为调谐）。

按结构不同，可变电容器可分为单联、双联、三联、四联等可调电容器；按介质不同，又可分为有机薄膜介质和空气介质两种。其外形如图 3－13 所示。

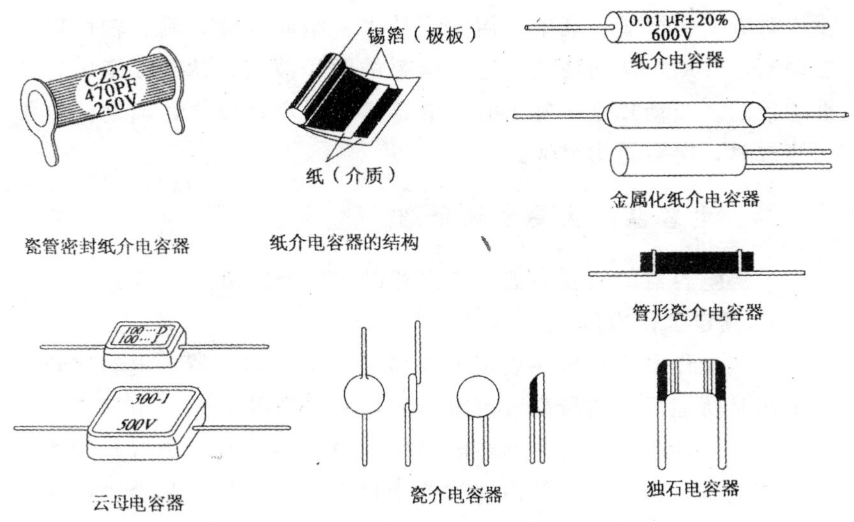

图 3—12　无极性电容器类别及外形图

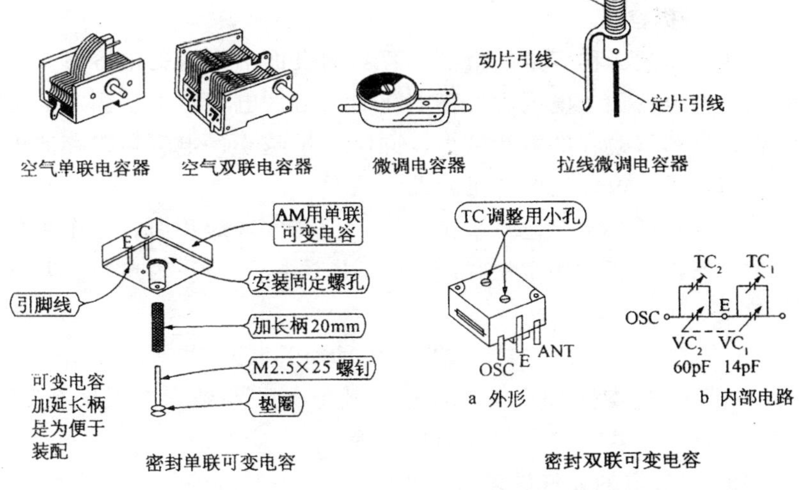

图 3—13　可变电容器的外形图

总之，不管是何种类型的可变电容器，都是由互相绝缘的金

属片对应交错组成。其中一组叫定片，一组叫动片。旋转轴可以带动动片转动，从而使动、定片交叠的面积改变，达到改变电容量的目的。当动片全部旋出时，电容量为最小；反之，当动片全部旋进时，电容量为最大。

二、电容器的主要参数介绍

了解电容器的主要参数，应注意以下几个方面：

1. 额定工作电压

额定工作电压是指在规定的环境温度下，电容器的电解质正常工作时所能承受的最高直流电压值，又称为耐压。

在实际使用中，电容器在电路中的电压不能超过电容器的额定工作电压，否则电容器内部的绝缘材料（电介质）将会被击穿而导致短路，这是不容许的。

电容器的常见额定工作电压（V）有6.3、10、16、25、32、40、63、100、160、250、300、400、450等多种。

2. 标称容量

电容器的标称容量是指在电容器的表面上标有的电容量。它反映了电容器加上电压后贮存电荷的能力。电容器加上固定的电压后，电容器贮存的电荷越少，则电容量越小；电容器贮存的电荷越多，表明电容器的容量越大。

电容量的基本单位是法拉（F），但在实际应用时，这个单位太大，所以，通常用微法拉（μF）、皮法拉（pF）为单位，其换算关系如下：

$$1F = 10^6 \mu F = 10^{12} pF$$

除了上述参数外，电容器还有其他一些参数，如温度系数、绝缘电阻值、高频特性、介质损耗等。

3. 电容器的允许误差

电容器的实际值和标称值间的偏差与标称值的百分比，就是电容器的允许误差。

电容器的误差通常分为3个等级，即Ⅰ级（误差±5%）、Ⅱ级（误差±10%）、Ⅲ级（误差±20%）等几种。

三、电容器的识别、选用与检测

1. 电容器的识别

电容器主要参数（如电容量和直流工作电压）的标注是区分其他元件的主要特征。如220μF/160 V、0.1 μF/63 V、470 pF/100 V等字样的标注反映了电容器固有的特征。

值得注意的是，电容器的额定工作电压有交流工作电压和直流工作电压之分，额定交流工作电压都有“～”或有“AC”字样的标注，而额定直流工作电压一般不作标识。

2. 电容器的选用

在选用电容器的时候，除了要考虑在电路中的要求外，还要考虑电容器的体积、工作环境、重量、安装位置及价格等因素。下面介绍几个方面供参考：

（1）环境因素。

在低温下，普通的电解质电容器因电解液冻结而失效，因此，必须选择那些能耐低温的电解电容器。在高温的环境中，电容器易发生老化。因此，在设计时，应尽可能使电容器远离热源并充分考虑散热条件。对在湿度较大的环境中使用的电容器，则应选用密封型的，以提高抗潮能力。

（2）电容器耐压的选择。

当电容器的额定电压低于电路工作电压时，电容器通常会发生击穿现象。因此，为了避免因电容器击穿而造成电路故障，应选用额定电压高于电路的实际工作电压的电容器，通常电容器的额定电压应高于实际工作电压的10%～20%。

同时，考虑到实际电路中电压可能出现的波动导致电压升高现象，应考虑足够的余量。

（3）电容器介质材料的选择。

通常情况下，电容器介质的选择如下：

①在谐振电路中选用云母、高频陶瓷介质等高频损耗小的电容器。

②在调谐回路中选用空气介质或小型可变电容器。

③在滤波、退耦电路中选用电解质电容器。

④用作高频旁路时，可选用穿心电容器。

⑤用作旁路时，可选用涤纶、纸介、陶瓷等电容器。

⑥在高频高压电路中，则选用云母和高频瓷介电容器、穿心高压瓷介电容器等。

⑦当电容器用来隔直流时，可用纸介、涤纶、云母、电解、陶瓷等电容器。

（4）电容量与允许误差的选择。

对于电容量的要求，在许多场合下，并不像对电阻器的阻值那样严格，主要体现在：

①在各种滤波器及各种网络中，容量的数值直接与电路的主要参数有关，故对电容量的要求十分精确，其允许误差应小于±0.1%～±0.5%。

②对于定时电路、振荡电路、自动增益控制、自动相位控制和自动频率控制等电路中电容器容量的要求比较高，应尽可能与设计要求相一致。

③在退耦电路、低频耦合等电路中要求并不十分严格，选用时容量只需比设计要求略大即可。

3. 电容器的检测

可用万用表的“欧姆”挡来判别电容器的好坏及质量的优劣。电容器的质量问题，主要是电容器有断路、短路、漏电或容量减少等现象。这些问题可以通过以下几种方法作定性的鉴别：

（1）有极性电解电容器。

可以运用“欧姆”挡来鉴别电容量大于1 μF以上的电容。具体作法如下：

①检测的时候，将电解电容器的两端分别与万用表的两根表棒接触（红表棒接负极，黑表棒接正极）。

②进行观察，主要有以下几种情况：

●若表棒开始时指针向顺时针方向迅速摆动，然后慢慢向逆时针方向复原，则说明该电容器质量是好的。

●如果指针向顺时针摆动后不再往回退，说明该电容器已击穿。

●如果指针虽能退回但与原处有一段距离，说明该电容器存在一定的漏电现象。漏电的程度可以从指针所指示的阻值来判断。阻值越大，漏电越小；反之，阻值越小，漏电越严重。

●检查时如果指针根本不动，说明该电容器的电解质已干涸或失效。

（2）可变电容器。

由于可变电容器的动片和定片之间的距离较小，所以，很容易发生划破绝缘薄膜而发生碰片短路。运用万用表的“欧姆”挡可鉴定有无短路，具体作法如下：

测量时可将万用表的两根表棒分别接在动片和定片的引脚上，转动电容器的动片，如发现在某一位置时，阻值为零，则说明该电容器有碰片现象；反之，则属正常。

（2）固定电容器。

对于容量大于 5000 pF 的电容器，可利用万用表的高阻挡来进行质量鉴定。具体方法是：

①将万用表的“欧姆”挡置于“R×10 k”量程，两根表棒分别接触电容器两引出端，表针先向顺时针方向运动一下，然后逐步向逆时针方向复原。

②正常的电容器，表头指针应能回到 R＝∞处。如果不能完全复原，表示电容器存在不同程度的漏电现象，指针停留的读数表示漏电的电阻值，漏电电阻值越小，其漏电越大；反之，漏电电阻值越大，其漏电越小。

在测量过程中，值得注意的是，不能用两手并接在被测电容器两端，否则人体的漏电电阻会影响到鉴别的结果。

(4) 极性标志的电解电容器。

利用电解电容器正向漏电小、反向漏电大的特点，可以用万用表的“欧姆”挡来识别失去极性标志的电解电容器。具体做法是：

①将万用表的“欧姆”挡置于“R×1 k”挡或“R×100Ω”挡（这取决于电容器的容量），红、黑表棒分别接电容器的两端。

②第一次观察电容器的充放电过程，记住第一次漏电电阻。

③交换红、黑表棒再一次观察电容器的充放电过程，记住第二次漏电电阻，比较两次电容器的漏电程度。

④当测量到电容器的漏电较小（漏电电阻较大）的那一次时，电容器与黑表棒（表内接电池正极）连接的一端为正极，那么，与红表棒（表内接电池负极）连接的一端即为负极。

模块四　二 极 管

一、半导体的基本知识介绍

1. 半导体的含义

按其导电性能的不同，我们可以将自然界中存在着的许许多多物质，大致分成三类：

(1) 一类是导电性能良好的物质，如金、银、铜、铁、铝等，称为导体。

(2) 一类是在一般条件下不能导电的物质，如陶瓷、玻璃、塑料、橡胶等，称之为绝缘体。

(3) 还有一类物质，它的导电性能介于导体与绝缘体之间，如锗、硅等，称为半导体。

2. 半导体的特征与类型

半导体除了在导电性能方面与导体及绝缘体不同外，当受到外界光和热的刺激时，其导电能力会明显变化。在纯净的半导体中掺入某些微量元素时，它的导电性能会明显地增强。

根据掺入的元素不同，可以将半导体分为以下几种：

（1）空穴型半导体。

如果在硅或锗的本征半导体物质中掺入微量的三价元素，如硼或铟等，它就成为P型半导体。

在P型半导体中，空穴数比电子数多很多，它的导电性能主要取决于空穴数，故称它为空穴型半导体。

P型半导体中的杂质电离成为不能移动的负离子和带正电而可移动的空穴。也就是说，P型半导体中有大量的自由空穴。

（2）电子型半导体。

当在硅或锗的本征半导体物质中掺入微量的五价元素，如磷或锑等元素时，它就成了N型半导体。N型半导体以自由电子导电为主，故称电子型半导体。

N型半导体中的施主杂质电离为带负电的自由电子和带正电而不能移动的离子。也就是说，N型半导体中有大量的自由电子。

（3）PN结。

通过采用特殊的制作工艺，将P型半导体和N型半导体紧密地结合在一起，在两种半导体的交界处就会产生一种特殊的接触面，称为PN结。这种PN结是构成半导体器件的基础。

二、二极管的基本知识介绍

由于制作半导体器件所有的硅和锗都是单晶体，完全纯净的、没有任何杂质的，而且结构完整的半导体的单晶体称本征半导体。所以，二极管也称为晶体二极管。

晶体二极管的内部有两个结：一个是P结，使用中称为阳极，用“+”表示；一个是N结，使用中称为阴极，用“−”表示。其图形符号如图2-14所示。

\+ P N −
正极 PN结 负极

整流二极管

稳压二极管

发光二极管
（发射二极管）

图2-14　晶体管二极管图形符号（部分）

由于生产工艺不同，二极管的工作性能也不同，使用场合也不尽相同。其主要性能有工作频率、工作电流和工作电压。这些差异在其型号上得以区别。

在电路中，二极管用“VD”表示。如电路中有10只二极管，则编号为VD1、VD2、…、VD10。

因为二极管具有单方向导电的特性，如果利用这个特性，能将交流信号（交流电）变成直流信号（直流电），所以，它的用途极为广泛。

三、二极管的识别方式

二极管的识别主要有外观和性能识别两种方式。下面分别介绍：

1. 二极管的外形识别

二极管的外形识别主要是通过下面二极管实物中正负极性的识别来实现的（见图3-15）。

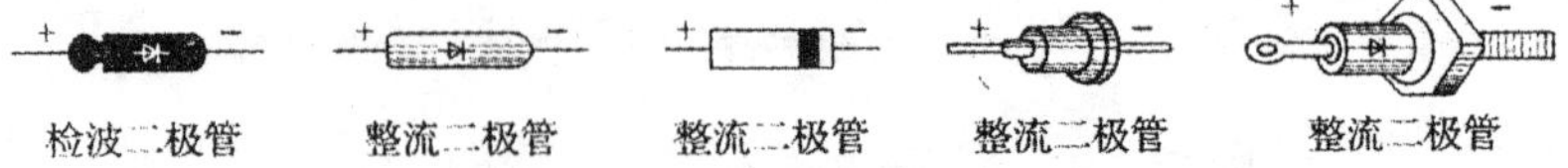

图3-15　二极管极性识别

2. 二极管的性能识别

（1）二极管的表示方法。

二极管通常采用4部分内容的表示方法，分别表示：

①区分二极管的制作材料。

②区分二极管的性能、用途。

③区分二极管或三极管。

④区分二极管的工作电流、工作电压（见表 3-5）。

表 3-5　二极管型号命名法

<table>
<tr><th>第 1 部分</th><th colspan="2">第 2 部分</th><th colspan="2">第 3 部分</th><th>第 4 部分</th></tr>
<tr><td rowspan="10">2—
表示二极管</td><td>A</td><td>N 型锗材料</td><td>P</td><td>普通管</td><td rowspan="10">序号（区分二极管的工作电流、工作耐压、工作频率等参数）</td></tr>
<tr><td>B</td><td>P 型，锗材料</td><td>V</td><td>微波管</td></tr>
<tr><td>C</td><td>N 型，硅材料</td><td>W</td><td>稳压管</td></tr>
<tr><td>D</td><td>P 型，硅材料</td><td>C</td><td>参量管</td></tr>
<tr><td></td><td></td><td>Z</td><td>整流管</td></tr>
<tr><td></td><td></td><td>L</td><td>整流管</td></tr>
<tr><td></td><td></td><td>S</td><td>隧道管</td></tr>
<tr><td></td><td></td><td>N</td><td>阻尼管</td></tr>
<tr><td></td><td></td><td>U</td><td>光电管</td></tr>
<tr><td></td><td></td><td>K</td><td>开关管</td></tr>
</table>

根据上表，下面列举一个例子：

例：2CZ1

解： N 型硅材料 1 型整流二极管。其中“1 型”的具体含义可以通过查阅《晶体二极管器件手册》找到该二极管的最大工作电流、最高工作电压及最高工作频率等参数。

（2）二极管部分性能参数。

表 3-6 中提供了常用二极管的型号及其参数。

表 3-6　常见二极管的型号及其参数

参数	型号					
	2AP9	2CZ11	1N4148	1N4004	1N4007	1N4504
最大整流电流 I_{DM}（mA）	5	1 000	450			
平均整流电流 I_d（mA）			150	1 000	1 000	300
最高反向工作电压 U_{RM}（V）	15	50	75	400	1 000	400
最大正向压降 U_{FM}（V）	≥0.2	≤1	≤1	≤1	≤1	≤1.2
截止频率 f_M（MHz）	100	0.003				

注：锗材料二极管正向压降为 0.2～0.4 V，硅材料二极管正向压降为 0.6～0.8V。

下面分别介绍各参数：

①截止频率 f_M。

二极管能正常工作（发挥其最大整流电流、最高工作电压、最小正向压降）时，所处电路的工作频率，就是截止频率 f_M。

②最大正向压降 U_{FM}。

二极管在最大工作电流时 PN 结间的电压值，就是最大正向压降 U_{FM}。一般锗材料二极管为 0.2～0.4 V，硅材料二极管为 0.6～0.8 V。

③最高反向工作电压 U_{RM}。

不致引起二极管击穿损坏的反向电压，就是最高反向工作电压 U_RM。

④平均（额定）整流电流 I_d。

二极管工作时的 PN 结温度不超过特定值（锗管小于 80℃，硅管小于 150℃）时的整流电流值，就是平均（额定）整流电流 I_d。

⑤最大整流电流 I_{DM}。

在半波整流连续工作的情况下，PN 结的温度不超过额定值时，二极管中允许通过的最大电流，就是最大整流电流。二极管工作在最大电流时要加装散热片。

四、二极管的测量

生产厂家都是采用专用仪器对二极管进行测量，如晶体管特性图示仪等。但在不具备这种条件的情况下，我们可以采用万用表对二极管进行简单的测量，也能达到一般的使用要求。

1. 万用表测量二极管的功能

用万用表对二极管进行测量，可以从中判断出：

（1）二极管的正反极性。

（2）区分出整流二极管与稳压二极管。

（3）二极管的 PN 结的材料（锗管或硅管）。

2. 万用表测量二极管的测量原理

二极管具有单方向导电的性能，因为它是一个 PN 结组成的半导体器件。用万用表测量二极管时，表内的直流电源为二极管提供了工作电源。

其具体的工作原理为：

（1）当二极管（见图 3-16）为正向连接时，即表内电池的正极、万用表的黑表棒接二极管的正极。此时，二极管的 PN 结内的阻挡层变薄，使测量电路中的电流增大，万用表中流过的电流也就变大，表针就偏转大，指示的读数就小。

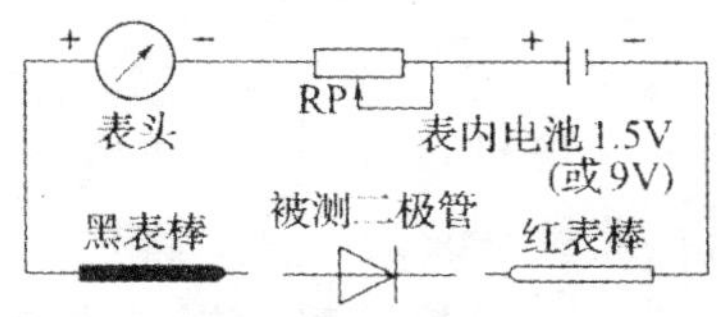

图 3-16　二极管正向测量原理图

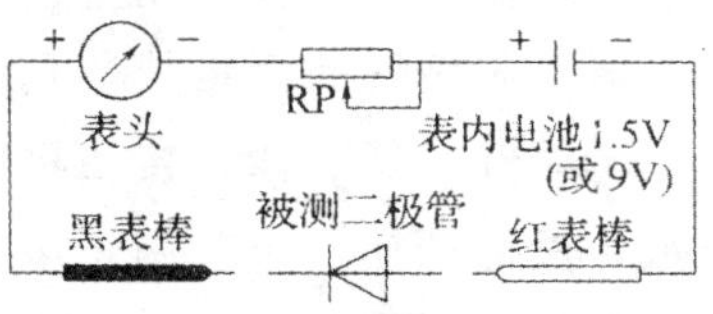

图 3-17　二极管反向测量原理图

（2）当二极管（见图 3-17）为反向连接时，即表内电池的正极、万用表的黑表棒接二极管的负极。此时，二极管的 PN 结内的阻挡层变厚，使测量电路中的电流变小，万用表中流过的电流就很小，表针偏转就小，指示的读数就很大。

（3）通过观察万用表上的读数，以及识别红、黑表棒，就能测量出二极管的极性和材料。

3. 二极管的万用表测量技能

（1）稳压二极管与整流二极管的判别测量。

应采用万用表的高阻挡来测量，如 R×10 kΩ 挡来判断测量稳压二极管还是整流二极管。具体测量方法如下：

①用万用表的高阻档来判断，此时万用表的测量回路中的电池电压为 9 V 或 15 V，大于一般稳压二极管的稳压值，这样就能判断测量出稳压二极管。

②在判断测量中，如果稳压二极管和整流二极管的材料相同，则它们的正向阻值也基本相同。但因为稳压二极管正常工作时，是工作在其反向击穿区的，所以，稳压二极管的反向阻值较小，只有几十千欧；而整流二极管的反向电阻阻值为“∞”（无穷大）或接近“∞”，万用表的指针表现为不动或微动。

③测量中，只要万用表中的电池电压高于被测二极管的反向击穿电压，万用表中就有电流流过。所以，通过观察测量二极管的反向电阻值的大小，就能判断区分出是整流二极管还是稳压二极管。

（2）低压二极管的测量技能。

低压二极管的测量技能具体作法如下：

①用红、黑表棒各接二极管的一个电极，万用表指示出一个读数，然后调换二极管两个电极再次测量，又指示一个读数。

②如果测得的两次结果，阻值均很小或接近零欧姆，说明被测二极管内部 PN 结击穿或已短路。

③如果测得的两次结果，阻值均很大或表针不动，说明被测二极管内部已开路。(2) 与 (3) 这两种情况下的二极管都不能使用。

④在两次测量中，有一个读数在 10 kΩ 左右，则测量的是一只硅材料二极管的正向电阻值，此次与黑表棒相接的是二极管的正极，与红表棒相接的是二极管的负极；而另一个测量阻值读数应为“∞”(无穷大) 或接近“∞”，该阻值为二极管的反向电阻值，与黑表棒相接的是二极管的负极，与红表棒相接的是二极管的正极。

⑤如果两次测量中，有一个读数在 1 kΩ 左右，则测量的是一只锗材料二极管的正向电阻值，此次与红表棒相接的是二极管的负极，与黑表棒相接的是二极管的正极。而另一个测量阻值读数应大于 500 kΩ，则该阻值是其反向阻值，与红表棒相接的是二极管的正极，与黑表棒相接的是二极管的负极。符合 (4) 和 (5) 两种测量情况的，即正向电阻值小、反向电阻值大的二极管才可使用。

(3) 高压二极管的测量技能。

因为万用表内的电池电压不够高，即使使用万用表的 R×10 kΩ 挡测量，指针也往往是不摆动的。所以，在测量 15 kV、20 kV 的高压整流二极管时，用以上方法就很难测出其好坏。

但如果在万用表上接一只晶体三极管，就能解决以上测量难题。具体作法如下：

①测量高压二极管接线图 (见图 3-18)。将三极管的发射极接万用表的“+”，三极管的集电极接万用表的“−”。

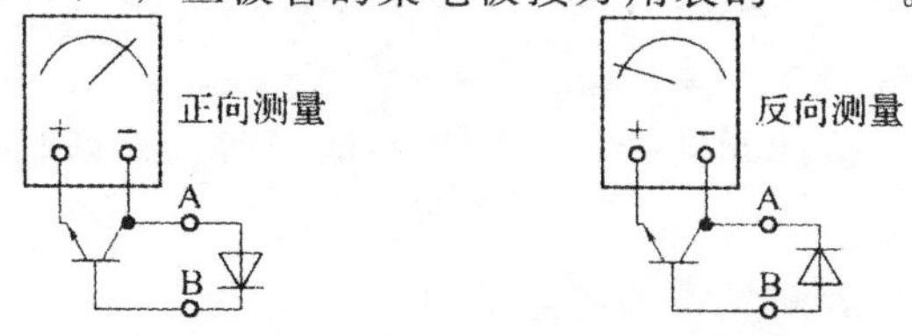

图 3-18 高压二极管测量示意图

②在测量的时候，将被测高压二极管的正极接三极管的集电极（万用表的“－”端），二极管的负极接三极管的基极。此时，万用表中电池电压通过被测高压二极管的正极向三极管基极提供一个正向偏置电流 I_B，此电流经三极管放大后，流入万用表，使万用表中流过的电流变大而使表针偏转。

③如被测二极管反向接入，由于高压二极管的反向电阻非常大，虽然接入 A、B 端，但仍相当于开路，由于二极管反向截止，所以，指针不偏转。二极管反向测量时，A 端接的应是高压二极管的负极。

④当二极管正向接入时，指针指向 10 kΩ 附近，此时 A 端接的应是二极管的正极。

4. 万用表测量二极管的使用

使用二极管的具体步骤如下：

（1）测量前的准备工作。

①将黑表棒插入“－”插孔内，红表棒插入“＋”插孔内。

②将万用表量程置电阻 R×1 kΩ 或 R×100 Ω 挡。测量硅材料二极管用 R×1 kΩ 量程，测量锗材料二极管用 R×100 Ω 量程。

③将红、黑表棒相短路，调整欧姆校零旋钮，使万用表指针满度偏转为“0”。

（2）具体测量方法。

①将万用表放在自己的正前方，眼睛最好与刻度线平行，以提高读取数值的准确性。

②用右手持握红黑表棒，并成握筷姿势，以方便测量和转换挡位。

③用左手持握元器件，并注意不能同时触接两根电极，以防引入测量误差。

（3）万用表测量中的注意事项。

①如果表棒破裂或表棒连线绝缘层损坏，应及时更换，以确

保人身安全。

②切记不能在测量过程中改变测量挡位。如需要改变挡位必须先停止测量，待改变挡位后方可继续进行测量，以防损坏万用表。

③在测量的时候或平时状态，万用表应摆放稳固，切不可挤压和玩耍。

④在测量结束或万用表处在平时状态时，红黑两根棒不能相接触，以防在欧姆挡时消耗表内电池的电能。

模块五 三 极 管

一、三极管的分类及型号

1. 三极管的种类

(1) 三极管的种类。

其常见的分类如下：

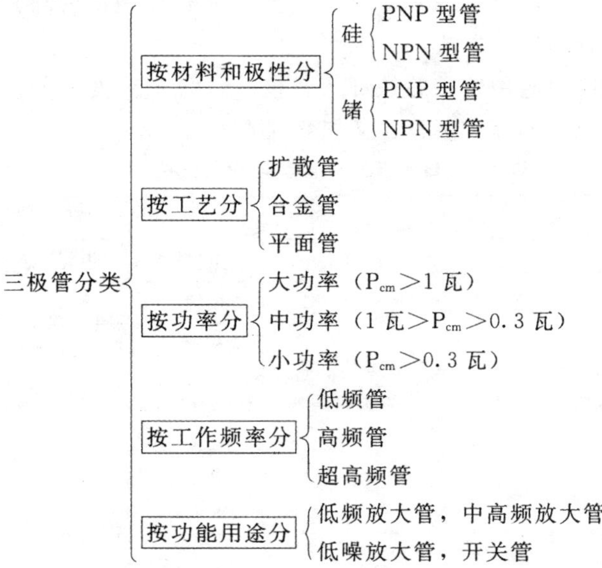

（2）三极管常见的实物外形。

见图 2-19。

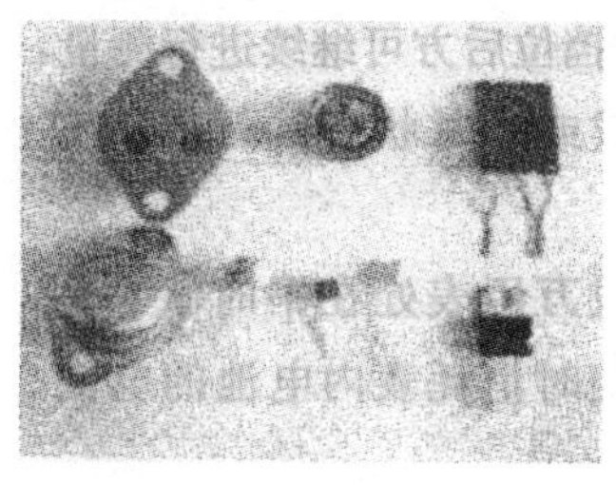

图 2-19 几种三极管的外形

2. 三极管的型号

三极管的型号主要分为国外与国内型号，分别介绍如下：

（1）国外三极管型号。

由于国外产品型号很多，一般不必去记住其命名方法，只要记住常用几个品种的特性，需要时查阅相关资料即可。

国外三极管型号命名大都按各国标准而定，如日本产品按 JIS（日本工业标准）命名等。下面介绍日本、美国、欧洲、韩国等国家三极管命名的方法：

①目前国内应用较多的是日产三极管，日产三极管主要也是由五部分组成，各部分字符含义如表 3-7 所示。

表 3-7 日本产三极管型号命名方法

部分	项目	符号	意义
第一部分	用数字表示类型或有效电极数	0	光电二极管、三极管、组合管
		1	二极管
		2	三极管或具有 2 个 PN 结的管子
		…	
		$n-1$	具有 $n-1$ 个 PN 结或有效电极为 n 的管子

（续）

部　分	项　目	符号	意　义
第二部分	S表示日本电工业协会（JELA）注册产品	S	在日本电工业协会（JELA）注册的半导体分立器件
第三部分	用字母表示器件的极性及类型	A	PNP高频管
		B	PNP低频管
		C	NPN高频管
		D	NPN低频管
		F	P控制极可控硅
		G	N控制极可控硅
		H	N基极单结晶体管
		J	P沟道场效应管
		K	N沟道场效应管
		M	双向可控硅
第四部分	用数字表示在JELA登记注册的顺序号	两位以上整数	表示产品的登记次序，从11开始
第五部分	用字母表示改进产品	A至F	表示对产品的改进产品

日产三极管型号前缀“2S”往往在管壳标注中被省去，如2SB528标注为B528，2SD1426标注为D1426，等等，在查阅产品手册或选购备件的时候，应加上2S。

②美国、欧洲、韩国等国家地区命名三极管的方法，既有其相同之处，也有不同之处，使用时应该引起重视。

例如，有些片状三极管表面安装器件（SMD），由于其体积较小，不可能印上全部符号，所以，只是印出4个字母、数字。这种型号与管子标准型号的对应关系，需要从产品手册或相关资料中才能获得。

（2）国产三极管型号。

有不少国内合资企业产品是采用同类国外产品的型号（有些采用其型号主干部分，例如，2SC1815中的1815等），可视作国

外同类产品的应用。

按照国家标准 GB 249－74，国产三极管的命名原则和二极管相同，也是由五部分组成，各部分表示的意义见表 3-8 所示。

表 3-8　三极管型号各部分表示的意义

部　分	项　目	符　号	意　义
第一部分	电极数目	3	三极管
第二部分	材料和极性	A	PNP 型锗材料
		B	NPN 型锗材料
		C	PNP 型硅材料
		D	NPN 型硅材料
		E	化合物材料
第三部分	器件的类别	X	低频小功率管
		G	高频小功率管
		D	低频小功率管
		A	高频大功率管
		U	光电器件
		K	开关管
		CS	场效应管
第四部分	序号	数字	生产先后区别号
第五部分	规格号	字母	区别代号

实例：PNP 型锗低频小功率三极管型号识别，如图 3-20 所示。

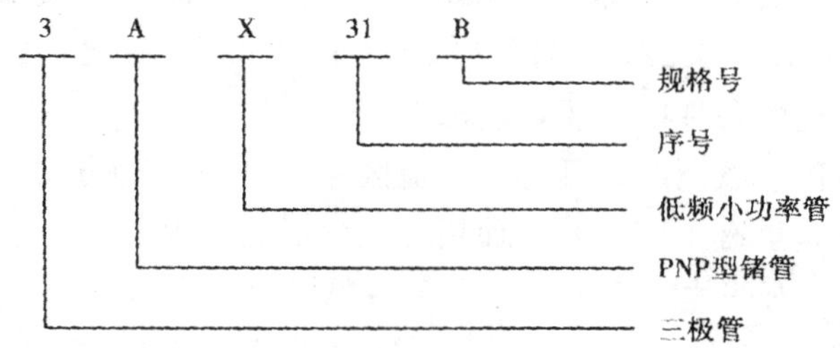

图 3-20　PNP 型锗低频小功率三极管型号

二、三极管的主要参数介绍

三极管的参数较多，主要有极限参数、交流参数和直流参数三类，它们是选择和使用三极管时的依据，表示三极管的性能及

适用范围。

常用的三极管参数主要有：

（1）特征频率 f_T。

（2）共发射极电路交流放大系数 β。

（3）集电极最大耗散功率 P_{CM}。

（4）集电极一发射极反向饱和电流 I_{CEO}。

（5）集电极最大允许电流 I_{CM}。

（6）集电极一发射极反向击穿电压 $U_{(BR)}$ CEO。

值得注意的是：由于加在三极管上的电压或电流是有一定限制的，所以，当三极管工作的电压或电流超过这一限制时，将会产生严重的后果：轻则影响三极管的正常工作，重则损坏三极管。

三、三极管的识别与检测

1. 三极管识别步骤

因为三极管的三根引脚分布是有一定规律的，所以，根据这一规律可以进行三根引脚的识别。识别步骤为：

如果一只三极管型号不清或标注脱落，此时需要对该三极管进行检测，并判别出是 PNP 型还是 NPN 型三极管，是高频管还是低频管，是硅管还是锗管等。同时，还要识别出该管的各个电极，即分辨出它的发射极 e、基极 b 和集电极 c，从而保证三极管的正确使用。

2. 三极管具体识别方法

三极管具体的识别方法主要有用万用表识别三极管和直观识别三极管两种。现分别介绍：

（1）用万用表识别三极管。

在使用万用表对三极管进行识别的时候，均使用欧姆挡。其主要有三极管引脚极性识别和 NPN 型 PNP 型三极管的识别：

①三极管引脚极性识别。

a. 识别方法：由于三极管的特殊构造，若集电极 c 和发射极

e 互换使用，则其放大能力非常弱；反之，当集电极 c 和发射极 e 使用正确时，三极管的放大能力强。

根据这一点就可以把三极管的集电极 c 和发射极 e 区分开来。

b. 识别步骤：使用万用表判别三极管的管脚和极性如图 3-21 所示。一般有以下步骤：

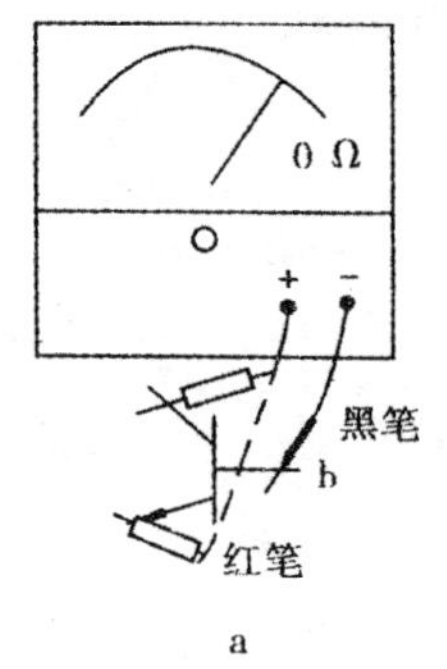

a

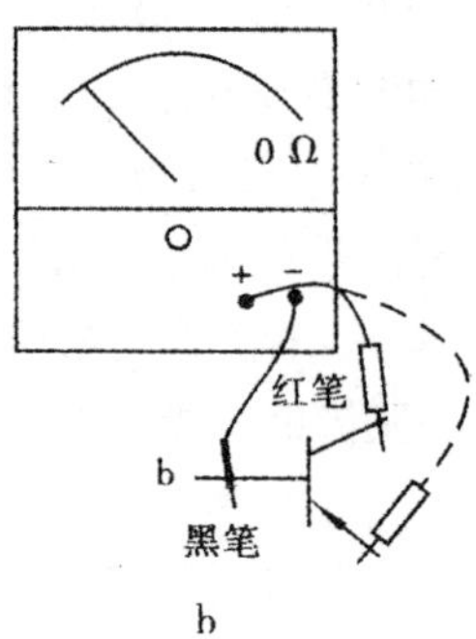

b

图 3-21 使用万用表判别三极管管脚和极性

a. NPN 型　　b. PNP 型

第一，判别管型，找出基极。

第二，识别集电极。以 NPN 型为例，具体方法为：

●假设一脚为集电极 c，管型 NPN 型，将红表笔接发射极，黑表笔接假设的集电极。

●然后用手捏住基极和集电极（两极不能相碰），观察指针偏转情况并记下偏转位置。

●再将两表笔交换极性，重复上述过程，则偏转角大的一次黑表笔所接触为集电极。

第三，如果是 PNP 型管，测试方法与 NPN 型管的类似，在测量中只须将红表笔和黑表笔对调即可。

②NPN 型 PNP 型三极管的识别。

a. NPN 型 PNP 型三极管的特点

●对于 NPN 型三极管而言，集电极 c 和发射极 e 分别为其内部两个 PN 结的负极，基极 b 为它们共同的正极。

●对于 PNP 型三极管而言，情况刚好相反，即集电极 c 和发射极 e 分别为其内部两个 PN 结的正极，基极 b 为它们共同的负极。

●根据这一点可以很方便地进行管型判别。

b. NPN 型 PNP 型三极管具体识别方法，如下：

首先，根据管子的外形也可以粗略判别出它们的管型来。

一般市售小功率 PNP 型三极管管壳高度比 PNP 型低得多，且有一突出标注，如图 3-22 所示。对塑料小功率三极管来说，也多为 NPN 型三极管。

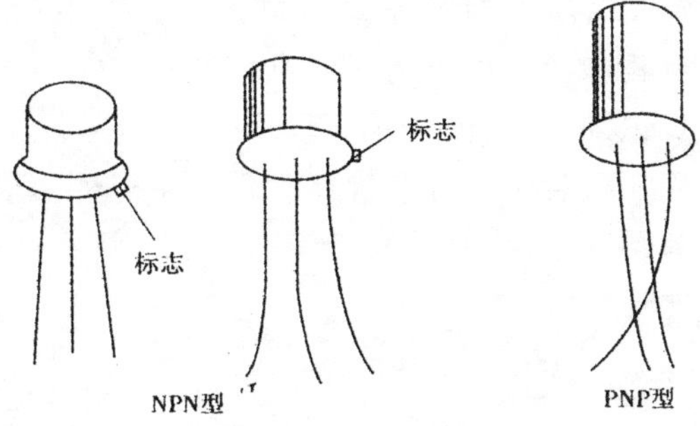

图 3-22　常见 NPN 型和 PNP 型三极管的外形

其次，用万用表识别，具体的方法为：

将万用表拨到 R×100 或 R×1 k 挡上，红表笔任意接触三极管的一个电极后，黑表笔依次接触另外两个电极，分别检测它们之间的电阻值，如图 3-23 所示。

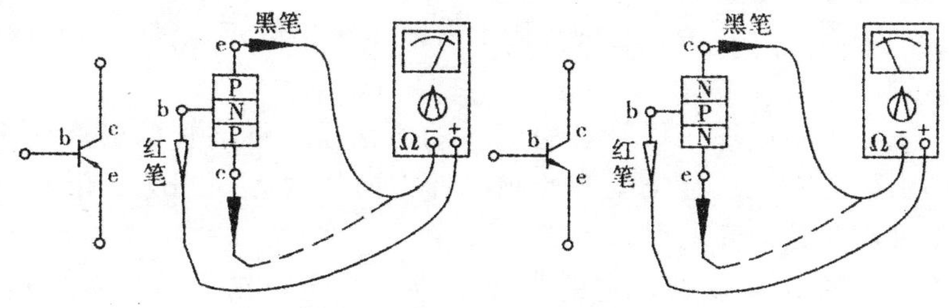

图 3-23　PNP 型和 NPN 型三极管的判别

当红表笔接触某一个电极时，其余电极与该电极之间均为几百欧的低电阻时，则该管为 PNP 型，而且红表笔所接触的电极为基极 b。

与此相反，若同时出现几十至几百千欧的高电阻时，则该管为 NPN 型，这时红表笔所接触的电极也为该管的基极 b。

同理可推出，若以黑表笔为基准，即将两只表笔对调后，重复上述检测方法。会出现两种情况：

●若同时出现低电阻的情况，则该管为 NPN 型；

●若同时出现高电阻的情况，则该管为 PNP 型。两种情况中，黑表笔所接触的电极都是它们的基极 b。

(2) 直观识别三极管三根引脚。

以金属壳三极管引脚分布规律为例。金属壳封装形式多种多样，常见的如图 3-24 所示。

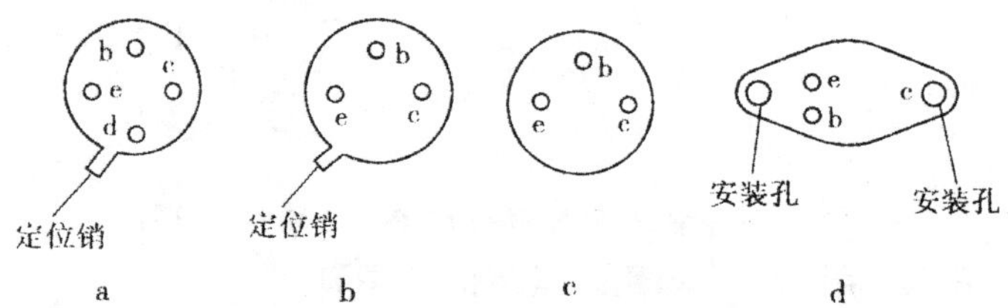

图 3-24　金属封装三极管引脚分布示意图

a. B 型　b. C 型　c. D 型　d. F 型

从图 3-24 可知，各三极管的引脚分布规律如下：

①图 a 为 B 型，它的外壳上有一个突出的定位销，并有四根引脚。

在识别这种三极管各引脚时的方法是：将该管的管底朝上，即引脚向上，从定位销开始顺时针方向依次为 e，b，c 和 d，其中 d 脚为接外壳的引脚。

②图 b 为 C 型，它的外壳上有一个定位销，但只有三根引脚，这三根引脚呈现等腰三角形分布，其中 e 和 c 脚为底边，b 点为顶点。

③图 c 为 D 型，它没有定位销，三根引脚也是呈现等腰三角形分布，分布规律与图（b）相同。

④图 d 为 F 型，它是功率放大三极管，只有两根引脚。

识别方法为：将该管的管底朝上，下面的引脚为基极 b，上面的引脚为发射极 e，它的外壳是集电极 c。注意：管壳上有两个孔，主要是用来固定三极管的。

第四单元　电子元器件及导线的基本常识

模块一　电子元器件的相关技能

一、电子元器件的引脚成形技能

电子装配工的基本技能之一就是电子元器件的引脚成形技能。下面介绍元器件引脚成形的基本情况：

1. 电子元器件引脚成形的含义和目的

(1) 电子元器件引脚成形的含义。

由于元器件的引脚间距大小各异，同时印刷电路板的元器件孔距是根据整机体积大小以及印刷电路板的体积大小而设定的，所以，如果将元器件引脚直接插入印刷电路板的焊孔中的话会带来困难。

为了解决这个问题，就必须在插件之前调整元器件引脚的间距，即改变元器件引脚的原始间距，使之符合印刷电路板的焊孔间距。我们通常所说的引脚成形就是，将元器件的引脚进行调整使之符合插件要求的过程。

(2) 电子元器件引脚成形的目的。

电子元器件引脚成形，一方面是为了使其符合装配要求，同时也是为了使装配后的电路板更加美观、坚固，从而有利于提高整机的性能和质量。

2. 电子元器件引脚成形技能的分类

电子元器件引脚成形技能不仅包括电子元器件引脚成形，还

包括连接线的成形技能。

(1) 连接线的成形技能。

①连接线的含义。

由于印刷电路图比较复杂，所以，在设计印刷电路板时，当不能把某根线路连贯设计时，就要借助一根或几根很短的金属线，将两根线路进行连接，使之成为通路。我们把这种场合下的金属线就叫做“连接线”，或叫它“短路线”。

金属线通常为电阻器剪下后的引脚或是镀银铜丝。

②连接线成形的具体步骤。

连接线的安装与成形可以合二为一，其成形主要根据两焊盘(孔)间的距离而定。

连接线安装与成形的具体操作步骤如下：

●找出一根连接线，长度要合适。注意连接线插入印刷电路板中的长度由左手控制：用左手拿住连接线一端，并将其插入印刷电路板的某焊孔中（见图 4-1）。

●接下来，用左手食指将连接线（向自己的身体内侧方向）压折弯 45°（见图 4-2），同时注意：压折处要紧贴印刷电路板。

●然后，借助镊子将连接线在其与两焊孔间距相仿的位置弯折 90°，注意：弯折处在自己身体的内侧方向（见图 4-3）。

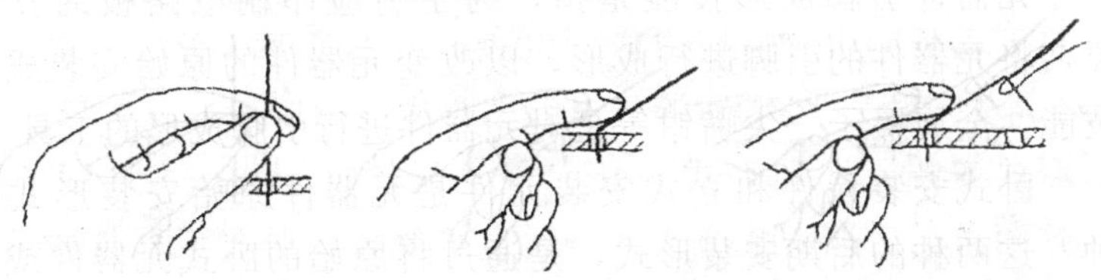

图 4-1　连接线安装步骤 1　**图 4-2　连接线安装步骤 2**　**图 4-3　连接线安装步骤 3**

●接着，用右手将镊子镊住连接线，并将其插入焊孔中（见图 4-4）。

●最后，用右手食指和镊子同时将连接线压入焊孔中，再用镊子根部的平面将连接线压平，使连接线紧贴电路板（见图 4-

5）。

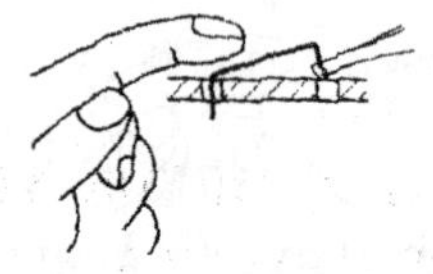

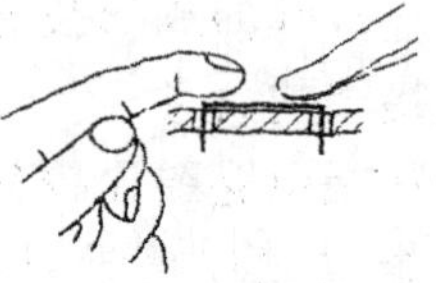

图 4-4　连接线安装步骤 4　**图 4-5　连接线安装步骤** 5

③连接线焊接的注意事项。

在焊接连接线的过程中，应当注意：

●在焊接连接线之前，应用安装压板将短路线压住，然后用夹子将安装压板与印刷电路板夹紧，再将印刷电路板翻过来（焊接面向上）放置。这样，就能焊接连接线了。

●焊接完之后，要对焊接的连接线进行焊接质量的检查，并剪切掉过长的连接线，以防引脚间发生短路。

●目前，有些企业已对连接线的间距要求进行了规范，所以，这些企业就能实现用机器设备对连接线进行统一成形，从而达到连接线引脚间距统一以及连接线成形后的形状统一。

（2）电子元器件的引脚成形技能。

①电子元器件引脚成形的种类。

元器件引脚成形技能是指，为了适应印刷电路板的安装需要，将元器件的引脚进行成形，以改变元器件的原始安装成形的技能。金属镊子、尖嘴钳等是对元器件进行引脚成形的工具。

卧式安装元件和立式安装元件是元器件原始安装形式的两种。这两种的后期安装形式，是通过将原始的卧式元器件或是立式元器件进行成形后而产生的。

●例如，对原始的卧式元器件进行卧式安装，因为原始的卧式元器件就具有卧式安装功能，所以，就不必进行引脚的成形。

如果需要将卧式元件进行立式安装，则必须对其进行引脚成形（见图 4-6）。

●又例如，对原始的立式元器件进行立式安装，因为原始的

立式元器件具有立式安装功能，所以，就不必进行引脚的成形。

如果需要将立式元件进行卧式安装，则必须将其进行引脚成形（见图 4-6）。

●其他外形元器件的成形可参照图 4-6 进行。

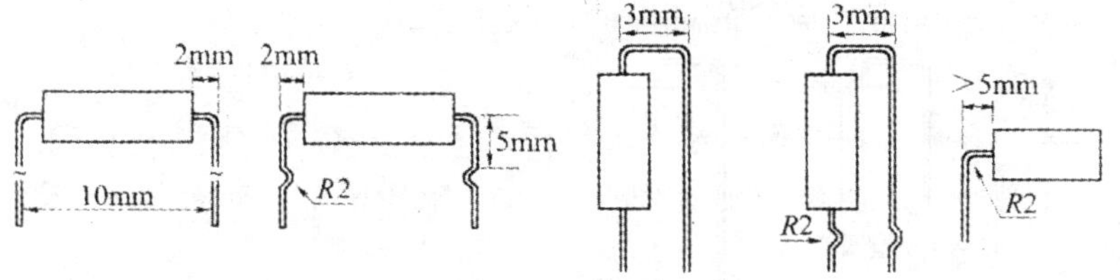

图 4-6　元器件成形示意图

a. 卧式元器件的普通卧式成形　b. 卧式元器件的架空卧式成形
c. 卧式元器件的普通立式成形　d. 卧式元器件的架空立式成形
d. 立式元器件的卧式成形

②电子元器件成形的要求。

在电子元器件成形的过程中，安装在焊孔中的元器件引脚应尽量与板面垂直，以使元器件得到足够的压力释放要求；元器件引脚的延伸部分也应尽量与器件本体的中轴平行。具体要求如下：

●电子元器件引脚的弯曲弧度要求

元器件成形时的引脚弯曲弧度，是根据元器件的直径或厚度确定的（见图 4-7 和表 4-1）。

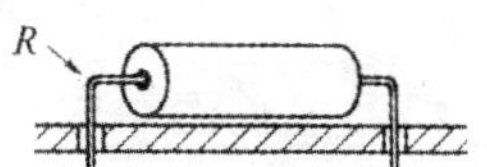

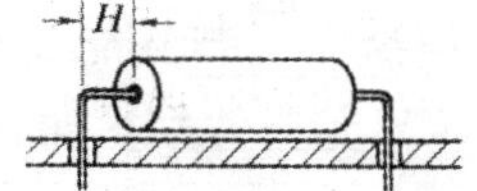

图 4-7　引脚弯曲半径示意图　　**图 4-8　引脚弯曲示意图**

表 4-1　元器件引脚内侧的弯曲弧度要求

元器件的直径或厚度/mm	引脚内侧的变曲半径（R）/mm
小于 0.8	1×直径（厚度）
0.8～1.2	1.5×直径（厚度）
大于 1.2	2×直径（厚度）

●电子元器件引脚的弯曲长度要求

引脚弯曲处与引脚根部间的距离 H 大于 0.8 mm 为合格，如小于 0.8mm 为不合格（见图 4-8）。

(3) 电子元器件成形的注意事项。

在电子元器件成形的过程中，应注意：

●成形时不能损坏元器件。

●成形时不能碰掉元器件上的标识，如字符、色环等。

●成形时不能损伤元器件引脚上的焊接涂层，如涂银层、涂锡层、涂金层等。

●电子元器件焊接的注意事项。

电子元器件在焊接时，应注意：

●在焊接电子元器件之前，应先用安装压板将电子元器件压住，然后用夹子将安装压板与印刷电路板夹紧，再将印刷电路板翻过来（焊接面向上）放置。这样，就能对电子元器件进行焊接了。

●在焊接完之后，对焊接的元器件要进行焊接质量的检查，并对元器件过长的引脚进行剪切处理，以防引脚间发生短路。

二、电子元器件的插装技能

电子元器件的插装技能也是电子装配工的基本技能之一。

1. 插装、插装技能及其要求

把各种元器件根据印刷电路板的装配要求插到印刷电路板指定的位置、指定的焊孔中，就是插装。

插装技能就是找到稳、准、快、好的插装方法。

插装的技能要求：取件稳，插件准，速度快，无损坏（不损坏元器件）；准中求快，快而不乱。

2. 插装技能的基本动作要领

插装技能的基本动作要领，主要体现在取元器件和插元器件上。

（1）取元器件。

注意：要用单手或双手同时从元件盒中取出元件，切不能拿错或拿后又丢掉。

（2）插元器件。

将元器件迅速、准确地插入指定的焊孔中，并应根据元器件的成形特点，确定其插入的高度。

注意：连接线和卧式安装的电阻器应紧贴印刷电路板，发热元器件应与印刷电路板有一定距离，从而使发热元器件架空。

3. 插装技术要求

插装技术要求主要有立式元器件的卧式插装标准、卧式元器件的卧式插装标准和立式元器件的立式插装标准。

（1）立式元器件的卧式插装标准。

方法：在将立式元器件进行卧式插装的时候，元器件应尽量靠近印刷电路板，以使元器件稳固。

图 4-9 中 D 在 0.1～1.5 mm 为接受。

图 4-10 的元器件只有一端贴近印刷电路板，尚有一定的支撑强度，为可接受。

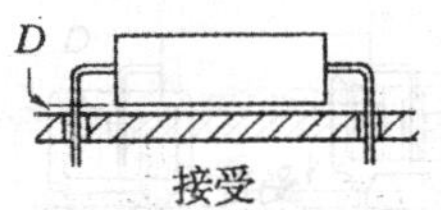

图 4-9　卧式插装

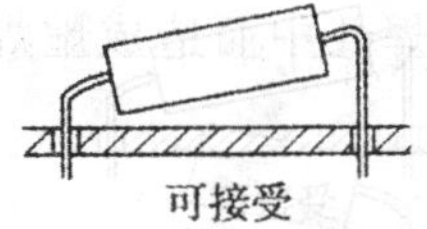

图 4-10　卧式插装

图 4-11 的元器件本体远离印刷电路板 4 mm 以上，为不接受。

图 4-12 元器件引脚不符合压力释放要求，为不接受。

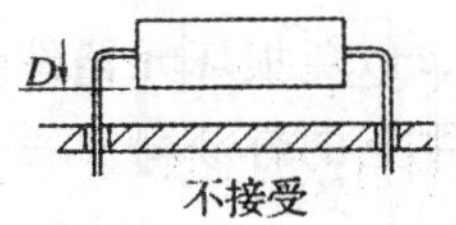

图 4-11　卧式插装

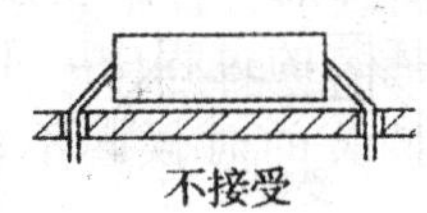

图 4-12　卧式插装

（2）卧式元器件的卧式插装标准。

方法：元器件的两端应与印刷电路板平行，以使元器件获得支撑强度。

图 4-13 元器件的底部与印刷电路板之间的距离 D 在 0.1～1.5 mm，为可接受。

图 4-14 元器件的底部与印刷电路板之间的距离 D 在 1.6～4 mm 为可接受；大于 4 mm 为不接受。

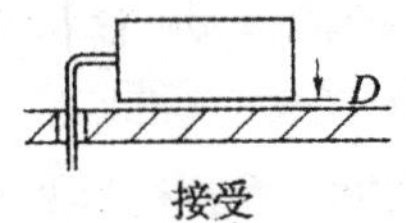

图 4-13　卧式插装

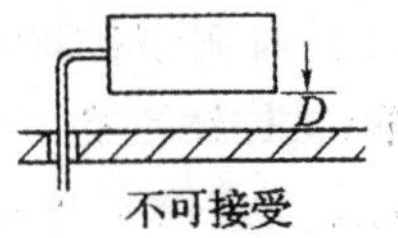

图 4-14　卧式插装

如果出现如图 4-15 所示的情况，元器件插装与电路板不平行，但有一侧符合要求，仍有一定的支撑力度，判为可接受。

（3）立式元器件的立式插装标准。

如图 4-16 所示，立式元器件插装时，其引脚的金属部分与印刷电路板之间的高度 D 在 1.5～4 mm 为合格（可接受）；低于 1.5 mm 或高于 4 mm 均为不合格（不可接受），更不能将引脚的端部插入焊孔中而造成虚焊。

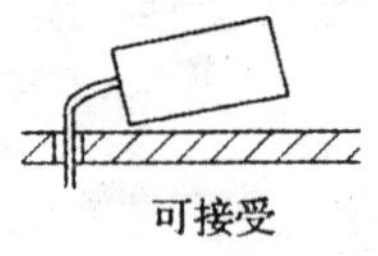

图 4-15　卧式插装

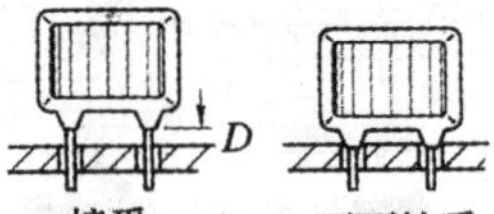

D
接受　不可接受

图 4-16　立式插装

4. 插装的注意事项

在插装的过程中，应注意：

（1）插装的过程中，不能用力过大，以免损坏元器件。

（2）插装的时候，不能碰掉元器件上的标识，如字符、色环等。

（3）插装时，不能将元器件插错。

（4）插装时，不能把元器件的引脚压弯，以免影响下道工序（焊接工序）的质量。

模块二　加工导线

绝缘导线的加工要经过剪裁、剥头、捻头（多股导线）、浸锡、清洁、印标记等工序，下面一一介绍各道工序。

一、裁剪

方法：在裁剪导线之前，用手或工具轻捷地拉伸，使之尽量平直，然后用尺和剪刀将导线裁剪成所需尺寸。

剪裁的导线长度允许有5%～10%的正误差，不允许出现负误差。

二、剥头

剥头，即对导线端头的加工。热截法和刃截法是端头绝缘层的两种剥离方法。下面分别介绍：

1. 热截法

热截法的优点是剥头好，不会损伤导线。热截法需要一把热剥皮器（或用电烙铁代替），并将烙铁加工成宽凿形。通常使用的热控剥皮器外型如下图4-17所示，其具体使用方法为：

（1）使用的时候，将热控剥皮器通电预热10 min后，待热阻丝呈暗红色时，将需剥头的导线所需长度放在两个电极之间。

（2）边加热边转动导线，待四周绝缘层切断后，用手边转动边向外拉，即可剥出无损伤的端头。

在加工时要注意通风，注意正确选择剥皮器端头合适的温度。

2. 刃截法

（1）刃截法的类型。

刃截法工具简单但容易损伤导线，主要有以下两种：

①剥线钳剥头。

剥线钳适用于 ø0.5～2 mm 的以橡胶、塑料为绝缘层的导线、绞合线和屏蔽线。有特殊刃口的也可用于以聚四氟乙烯为绝缘层的导线。

具体方法：在剥线的时候，将规定剥头长度的导线插入刃口内，压紧剥线钳；刀刃切入绝缘层内，随后夹爪抓住导线，拉出剥下的绝缘层。

②剪刀或电工刀剥头。

具体方法为：先在规定长度的剥头处切割一个圆形切口，接着切深（注意不要割透绝缘层而损伤导线），然后在切口处多次弯曲导线，靠弯曲时的张力撕破残余的绝缘层，最后轻轻地拉下绝缘层。

（2）使用刃截法的注意事项。

在使用剥线钳剥头、剪刀或电工刀剥头的过程中，都要注意：

①切记一定要使刀刃口与被剥的导线相适应，否则会出现损伤芯线或拉不断绝缘层的现象。

②如果遇到绝缘层受压易损坏的导线时，要使用又宽且光滑夹爪的剥线钳，或在导线的外面包一层衬垫物。

三、捻头

第三步工序就是捻头。多股导线剥去绝缘层后，要进行捻头以防止芯线松散。

具体方法：

●捻头的时候，要顺着原来的合股方向，捻线时用力不宜过猛，否则易将细线捻断。

●捻过之后的芯线，其螺旋角一般在 30 °～45°（见 4-18）。

●芯线捻紧不得松散，如果芯线上有涂漆层，应先将涂漆层

去除后再捻头。

图 4-17　热控剥皮器　　　图 4-18　多股导线捻头角度

四、浸锡（又称搪锡、预挂锡）

捻头的下一步就是浸锡。将捻好的导线端头浸锡的目的在于防止氧化，以提高焊接质量。浸锡主要有电烙铁上锡、锡锅浸锡两种方法。下面分别介绍：

1. 电烙铁上锡

（1）具体方法步骤。

●待电烙铁加热至可熔化焊锡时，在烙铁上蘸满焊料。

●将导线端头放在一块松香上，烙铁头压在导线端头，左手边慢慢地转动边往后拉，当导线端头脱离烙铁后导线端上也就上好了锡。

（2）上锡时的注意事项。

●烙铁头不要烫伤导线绝缘层。

●松香要用新的，否则端头会很脏。

2. 锡锅（又称搪锡缸）浸锡

（1）具体方法步骤。

●首先，锡锅通电使锅中焊料熔化，将捻好头的导线蘸上助焊剂。

●然后将导线垂直插入锡锅中，并且使浸渍层与绝缘层之间留有一定间隙（见图 4-19）。待润湿后取出，浸锡时间为 1～3 s。

（2）浸锡时的注意事项。

●应随时清除锡锅中的锡渣，以确保浸渍层光洁。

●浸渍时间不能太长，以免导线绝缘层受热后收缩。

●浸渍层与绝缘层之间必须留有间隙，否则绝缘层会过热收缩甚至破裂。

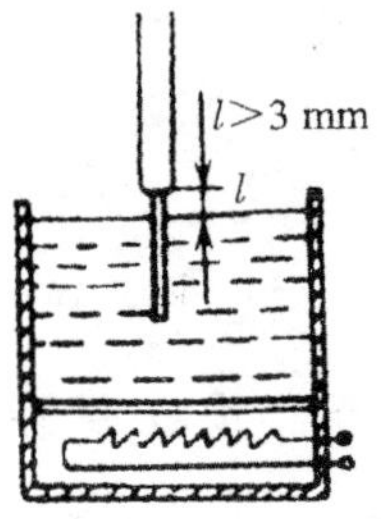

图 4-19　导线端头浸锡

●如一次不成功，可稍停留一会儿再次浸渍，切不可连续浸渍。

五、清洁

有时浸（搪）好锡的导线端头会留有焊料或焊剂的残渣，所以，应及时清除，否则会给焊接带来不良后果。当然，对于要求不高的产品也可以不进行清洗。

不允许用机械方法刮擦，以免损伤芯线；清洗液可选用酒精。

六、打印标记

最后一步就是打印标记了，打印标记可分为如下几种：

1. 绝缘导线的标记

复杂的电子装置使用的绝缘导线通常有很多根，需要在导线两端印上线号或色环标记，或采用套管打印标记等方法。

绝缘导线打印标记主要有以下几种形式：

(1) 端子筒标记。

端子筒亦叫"标记筒"、"筒子"，有的干脆就叫"端子"。在元器件较多，接线很多，而且机壳较大时，如机柜、控制台等，为便于识别接线端子，通常采用端子筒。

端子筒常用塑料管剪成 8～15 mm 长的筒子，在上印有标记及序号，然后套在绝缘导线的端子上。印上的文字符号"T"与

序号“1—1”、“1—2”应与设计图纸一致，并符合有关规定。如果是业余制作或是产品数量不多的时候，端子筒上的文字与序号（合称为“标记”）可用手写。

写标记时，在塑料筒子上可采用蓝色或红色圆珠笔，为了不易被擦去，应把写好的标记放在烘箱中烘烤 30 min 左右（60～80℃）或放在烈日下暴晒 1～2 h，这样，冷却后油墨就不易被擦去了。

（2）导线端印字标记。

机内跨接导线不在线孔内，数量较少，可以不打印标记。短导线数量较多，可以只在其一端打印标记。

导线标记位置应在离绝缘端 8～15 mm 处（见图 4-20）。

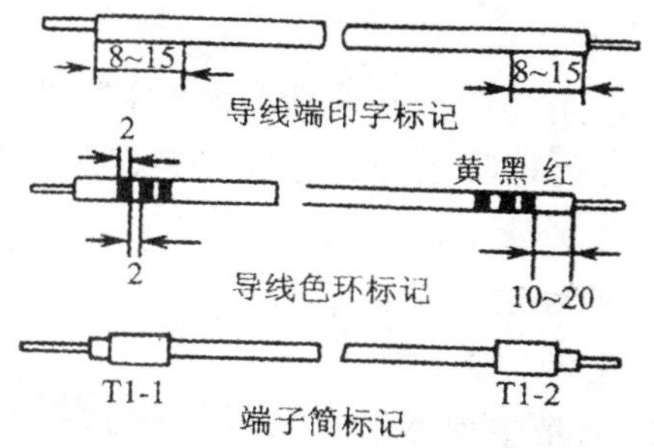

图 4-20　绝缘导线的标记

标记印字要清楚，印字方向要一致，字号应与导线粗细相适应。深色导线可用白色油墨，浅色导线可用黑色油墨，以使字迹清晰可辨。

（3）导线色环标记。

导线各色环的宽度、距离、色度要均匀一致，其色环位置应根据导线的粗细，从距导线绝缘端 10～20 mm 处开始，色环宽度为 2 mm，色环间距为 2 mm。

导线色环并不代表数字（不像色环电阻器上的色环），而仅仅是作为区别不同导线的一种标志。色环读法是从线端开始向后顺序读出的。

少数颜色排列组合可构成多种色标。三种颜色可以组成 39 种色环，对一般小线扎来说已经够用了。如果导线超过 39 根，可用四色组合排列，亦可多用几种颜色而少用几种组合。

例如，用红、黑、黄三色可组成下列色标：

- 只用一个色环，红、黑、黄，共 3 种色环。
- 用两个色环，红红、黑黑、黄黄、红黑、黑红、黄红、红黄、黑黄、黄黑，共 9 种色环。
- 用三个色环，红红红、黑黑黑、黄黄黄、红红黑、黑黑红、黄黄红、红红黄、黑黑黄、黄黄黑、红黑红、黑红黑、黄红黄、红黄红、黑黄黑、黄黑黄、红黑黑、黑红红、黄红红、红黄黄、黑黄黄、黄黑黑、红黑黄、黑红黄、黄红黑、红黄黑、黑黄红、黄黑红，共计 27 种色环。

色环所用颜色由各色盐基性染料加聚氯乙烯 10%、二氯乙烷 90%配制而成。染色环所用的设备为染色环机、眉笔、台架（供染色后自然干燥用的简单设备）。

2. 端子标记的要求

(1) 端子标记的位置。

打印端子标记是主要是为了安装、焊接、检修和维修方便。标记通常打印在元器件、组件板、导线端子、各种接线板、机箱分箱的面板上以及接线柱、机箱分箱插座附近。

(2) 打印端子标记的原则。

打印所有的标记都应符合国家电气文字符号新标准，与设计图纸的标记一致。

(3) 打印端子标记的要求。

打印端子标记具有如下要求：

- 标记应放在明显的位置，不被其他导线、器件所遮盖。
- 标记的读数方向要与机座或机箱的边线平行或垂直，同一个面的标记，读数方向要统一。
- 标记字体的书写应笔画清楚、字体端正、间隔匀称、排列

整齐。

●标记一般不要打印在元器件上，否则元器件更换时会带来麻烦。在保证不更换的元器件上，打印标记是允许的。

目前，在一般产品的印制电路板上，将元器件电路符号和文字符号都打印在印制电路板的背面上，元器件的引线对准焊盘，这给安装和修理带来许多方便。

●在小型元器件上加注标记时，可只标记元器件的序号。

例如，R6 只标出“6”即可。当“6”与“9”不易分清时（上看、下看不易确认），可在“6”、“9”字的右下方打点，成为“6.”、“9.”以示读数方向。

3. 手工打印标记

也可以在端子筒上或绝缘导线上用手工打印标记。

（1）原材料。

由于要印标记的位置通常本身都是硬的，因此，不可用硬质材料做成的印章。应用有弹性的字符印章，如塑料印章、橡皮印章、明胶印章等。

（2）手工打印标记的方法。

●打印标记前应先去掉需打印标记位置上的灰尘和油污。

●然后将少量油墨放在油墨板上，用小油滚将油墨滚成均匀的一薄层，把字符印章蘸上油墨。

●打印时，印章要对准打印位置，先向外稍倾斜，再向里侧稍倾斜压下。

（3）手工打印标记的注意事项。

●操作时，用力不能太大，也不能太小，可先在不需要的绝缘电线或端子筒上试一试。

●如果标记印得模糊，可以立即用干净布料（或蘸少许汽油）擦掉，再重新打印。

第五单元　焊接技术基本常识

模块一　焊接的基本技能

一、焊接操作前的准备工作

焊接前的准备工作包括焊接准备及焊接处理。

1. 做好焊接准备工作

（1）准备焊接材料。

首先，应准备好焊接所需要的材料，根据实际需要选择符合标准的锡铅焊料，并应按工艺要求准备好助焊剂和清洗剂。

对于手工焊接，建议准备 HISnPb39 型或 HISnPb58－2 型锡铅焊料、松香助焊剂和无水乙醇清洗剂等。

（2）焊接工具。

对于焊接工具，应选择功率适当的电烙铁，建议使用低压控温电烙铁。

烙铁头建议使用镀镍或紫铜烙铁头，形状根据焊接需要而定。

2. 焊件处理

焊件处理主要包括焊件表面处理、多股导线镀锡及搪锡，下面分别介绍：

（1）焊件表面处理。

一般情况下，在焊接之前，需要对焊件表面进行清洗处理，去除焊接面上的锈迹、油污、灰尘、氧化层等影响焊接质量的

杂质。

如果焊件表面没有氧化现象的焊件引线，则不需要处理，否则可能会增加不必要的工作，而且处理不当还会影响焊接的质量。

手工处理的方法是：用较细的砂布进行打磨，或用锋利的工具沿着引线方向外刮，直至引线上的氧化物彻底除掉为止。

（2）多股导线镀锡。

多股导线镀锡的具体方法为：

①多股导线镀锡前要用剥线钳或其他方法去掉绝缘皮层（不要将导线剥伤或造成断股）。

②用烙铁镀锡前要先将导线蘸松香水，有时也将导线放在有松香的木板上用烙铁给导线上一层助焊剂，同时也镀上焊锡。

③将剥好的导线朝一个方向旋转拧紧后镀锡，镀锡时不要把焊锡浸入到绝缘皮层中去，最好在绝缘皮前留出一个导线外径的长度没有锡，这有利于穿套管，如图 5-1 所示。

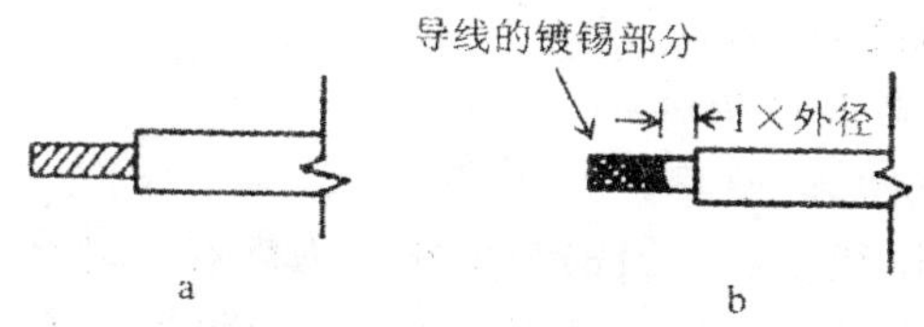

图 5-1　多股导线镀锡方法

a. 拧在一起的多股导线　b. 镀好锡的导线

（3）搪锡。

将元器件引线或导线的焊接部位预先用焊锡润湿，使焊件表面镀上一层焊锡，就是搪锡。搪锡的具体操作方法是：

①将元器件引线蘸上助焊剂，放入锡锅浸锡，或者用电烙铁上锡。

②对于半导体器件，如晶体管，应在浸锡时用镊子夹持引线脚上端，以帮助散热。

③上锡的时间不能过长，以免元器件因过热而损坏。

二、焊接的基本要点

若要提高焊接的质量，在焊接的过程中，就应遵循如下要点：

1. 选用合适的工具

应根据待焊工件的不同，选用不同规格的烙铁头和电烙铁，原则为：

（1）在焊底板或大地线时，需要用100 W以上的外热式或75 W以上的内热式电烙铁，甚至可能需要采用特殊形式的烙铁头。

因为焊接时烙铁头长期处于高温状态，其表面很容易氧化，使烙铁头导热性能变差而影响焊接质量。所以，在焊接过程中要保持烙铁头的清洁。

烙铁头上多余的焊锡和杂质可用湿布或海绵擦掉，应随时使烙铁头处于挂锡状态。

（2）在焊接印制电路板或焊点较小时，则可选用20 W的内热式恒温电烙铁。

2. 选用合格的焊料

（1）焊料的选择。

一般选用低熔点的铅锡焊锡丝作为焊料，因其本身带有一定量的焊剂，焊接时已足够使用，故不必再使用其他焊剂。

若焊锡成分不符合规格或杂质超标都会影响焊接质量。特别是锌、铝、钢等杂质，会明显影响焊料润湿性和流动性，降低焊接质量。

（2）用焊锡的注意事项。

在焊接过程中必须注意焊锡用量，不能太多也不能太少。

①焊锡使用太多，焊点太大，多余的焊锡会流入元器件管脚的底部，可能造成管脚之间的短路或降低管脚之间的绝缘性。

③焊锡使用过少，易使焊点的机械强度降低，焊点不牢固。

3. 采用正确的加热方法

正确的加热方法为：

（1）应该根据待焊工件的形状选用不同的烙铁头或自己修整烙铁头，使烙铁头与焊接工件形成接触面而不是点或线。

（2）同时要保持烙铁头上挂有适量的焊锡，这样可增加接触面积，加快传热，使工件受热均匀。

4. 选择适当的助焊剂

（1）助焊剂的选择。

要根据焊接的不同材料选用不同的助焊剂，即使是同种材料，当采用不同的焊接工艺时也往往要用不同的助焊剂。

例如，焊接底板或大地线等，可选用活性较强的焊膏等助焊剂，焊接完成后应立即把焊膏清洗干净，否则易起腐蚀作用；焊接印制电路板或焊点较小时，可使用松香或松香酒精溶液。

（2）使用助焊剂的注意事项。

在焊接过程中，还必须注意助焊剂的用量，过多会造成污染，过少则会使焊锡的流动性变差，这些都不利于焊接。

5. 清洁待焊工件表面

在焊接之前，要检查待焊工件表面的可焊性。若可焊性差，则应先进行清洗处理和搪锡。电子元器件出厂时，外引线一般都挂有焊锡。

对未上锡或表面不清洁的元器件引线，要用砂布或刀片刮去污垢和氧化层，使其表面光洁，然后再将元器件引线镀上焊锡。

6. 使用必要的辅助工具

焊接前一定要处理好焊点，施焊时也应格外小心。对耐热性差、热容量小的元器件，应使用工具辅助散热。

另外，还要采用适当的辅助散热措施。例如，在焊接过程用镊子、尖嘴钳等夹住元器件的引线，可以减少热量传递到元器件，从而避免元器件过热。同时，还要注意，加热时间一定要短。

7. 保持合适的温度

烙铁头的温度决定了焊接的温度，焊接时应将烙铁头的温度保持在合理的范围之内。一般的经验是，烙铁头温度比焊料熔化温度高 50℃较为适宜。

如果烙铁头的温度过低，则焊锡不易熔化，会延长加热时间，使焊接工件温度升高，既影响元器件性能又影响焊接质量。一般烙铁头的温度控制在 230～350℃为宜。

如果焊接温度过高，焊锡丝中的助焊剂因没有足够的时间在焊面上漫流而过早挥发失效，焊料熔化速度过快同样会影响助焊剂的发挥，同时还会伴有大量烟气，不利于焊接。

8. 控制好加热时间

焊接的整个过程，从加热被焊工件到焊锡熔化并形成焊点，一般应在数秒之内完成。

如果焊接时间长了，焊料中的焊剂完全挥发，失去助焊作用，会使焊点氧化，灼伤被焊物体。

如果焊接时间过长，温度过高容易烫坏元器件或印制版表面的铜箔。对印制电路的焊接，时间一般以 2～3 s 为宜。在保证焊料润湿焊件的前提下时间越短越好。

如果焊接时间短了，达不到焊接温度，焊锡不能充分熔化，影响焊剂的润湿，容易产生虚焊和假焊。

9. 工件的固定

完成焊点形成且撤离烙铁头之后，在焊点凝固过程中不要触动焊点。

因为焊点上的焊料尚未完全凝固，此时，即使有微小的振动也会使焊点变形，引起虚焊。所以，在焊点凝固过程中，千万不要触动焊接点上的元器件或导线，应始终保持工件稳固不动。

三、焊接操作的基本操作方法

1. 电烙铁的拿法

由于助焊剂加热挥发出的化学物质对人体是有害的，所以，操作时鼻子距离烙铁头不宜太近，太近很容易将有害气体吸入体内，一般情况下，电烙铁离开鼻子的距离应不少于 30 cm。

电烙铁拿法有 3 种（见图 5-2），主要有：

（1）反握法动作稳定，长时间操作不宜疲劳，适合于大功率（120～300 W）烙铁的操作。

（2）正握法适合于中等功率（50～100 W）烙铁或带弯头电烙铁的操作。

（3）握笔法易于掌握，适用于小功率（20～45 W）烙铁和热容量小的被焊件。在操作台上焊印制板等焊件时，一般多采用握笔法。

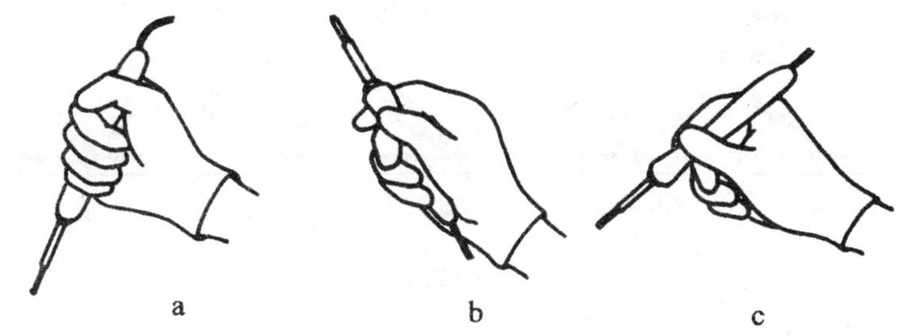

图 5-2　电烙铁的三种握法

a. 反握法　b. 正握法　c. 握笔法

2. 焊锡丝的拿法

在手工焊接中，一般是一手握电烙铁，另一手拿焊锡丝，帮助电烙铁吸取焊料。

拿焊锡丝的方法一般有两种：连续送锡法和点焊送锡法。

（1）连续送锡法。

焊接时，一般左手拿焊锡，右手拿电烙铁，利用拇指、食指

和小指夹住焊锡丝，此时拇指和食指夹住焊锡丝可以连续地向前移送焊锡丝，如图 5-3a 所示。

(2) 点焊送锡法。

图 5-3b 所示的是点焊送锡法，此拿法在只焊接一个焊点时适用。

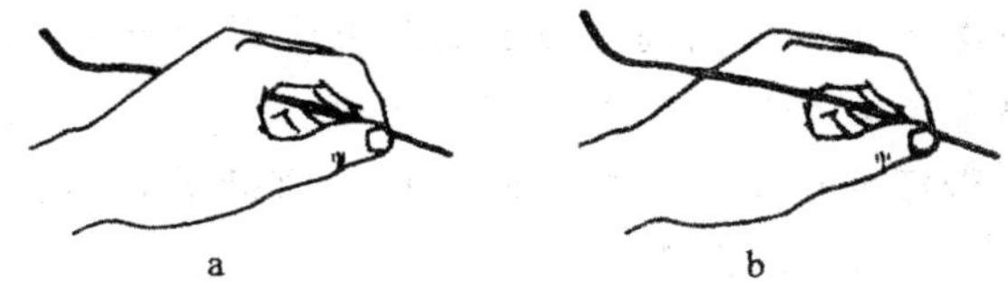

图 5-3 焊锡的基本拿法

a. 连续送锡　　b. 点焊送锡

3. 锡焊操作五步训练法

为了保证焊接的质量，掌握正确的手工焊接操作方法是很重要的。

焊锡应遵循正确的方法，主要是五步法，如图 5-4 所示。

图 5-4 焊接五步法

第一，准备阶段

将烙铁头和焊锡靠近被焊工件，并认准位置，使它们处于随时可以焊接的状态。

第二，放上烙铁

将烙铁头放在工件上进行加热，并注意加热的方法要正确，这样可以保证焊接工件和焊盘被充分加热。

第三，熔化焊锡

将焊锡丝放在工件上，熔化适量的焊锡。

在送焊锡的过程中，可以先将焊锡接触烙铁头，然后移动焊

锡至与烙铁头相对的位置，这样将有利于焊锡的熔化和热量的传导。此时要注意的是：焊锡一定要润湿被焊工件表面和整个焊盘。

第四，拿开焊锡丝

待焊锡充满焊盘后，迅速拿开焊锡丝，此时应注意的是：熔化的焊锡要充满整个焊盘，并均匀地包围元器件的引线，待焊锡用量达到要求后，应立即将焊锡丝沿着元器件引线的方向向上提起拿开。

第五，拿开烙铁

焊锡的扩展范围达到要求后，拿开烙铁。值得注意的是：撤离烙铁的速度要快，撤离方向要沿着元器件引线的方向向上提起。

对一般焊点而言，整个过程大约需要两三秒钟就可以完成。

4. 锡焊焊接的三步焊接法

对热容量小的工件，可以按“三步焊接法”进行操作，这样可以加快节奏。三步主要是：

第一，准备阶段

将烙铁头和焊锡靠近被焊工件，并认准位置，使它们处于随时可以焊接的状态。

第二，放上烙铁和焊锡丝

将烙铁和焊锡丝同时放上，熔化适量的焊锡。

第三，拿开烙铁和焊锡丝

当焊锡的扩展范围达到要求后，拿开烙铁和焊锡丝。值得注意的是：拿开焊锡丝的时间不得迟于烙铁的撤离时间。

四、手工焊接表面安装元器件

在进行手工焊接表面安装元器件的时候，一定要注意以下方面：

1. 涂布黏合剂或焊膏

用丝网印刷机或手动点滴机点胶或涂焊膏针状物，也可以用直接点胶或涂焊膏。

2. 贴片

将表面安装 PCB 板置于放大镜下，用带有负压吸嘴的手工贴片机。最好使用贴片机或镊子仔细地把片式元器件放到相应的位置上。

3. 焊接

（1）使用电烙铁。

对于表面安装元器件的焊接，如果使用电烙铁焊接，最好采用恒温或电子控温烙铁。

焊接的具体方法为：

①首先，将元器件最边缘的一个引脚加热，注意烙铁头上不能蘸太多的焊锡。

②然后，再加热对角的引脚。

③之后，再采用图 5-5 所示的方法进行焊接。

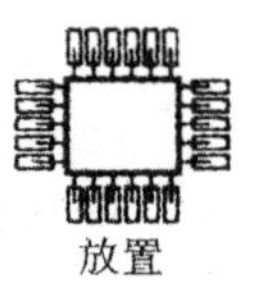
放置

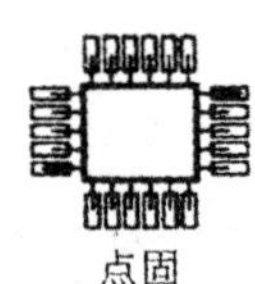
点固

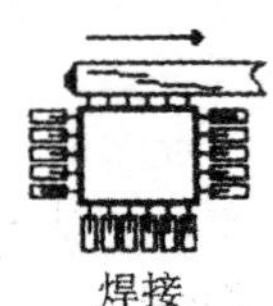
焊接

图 5-5 手工烙铁焊接表面安装元器件示意

（2）使用热风枪或红外线焊枪。

除电烙铁外，还可以使用热风枪或红外线焊枪进行焊接。

具体方法为：将热风枪温度调到适当的温度，用热风枪直接吹元器件的引脚和焊盘，并来回移动热风枪，以避免局部过热而损坏元器件或电路板。

五、焊点的质量标准

1. 焊点的质量要求

对焊点主要有以下质量要求：

（1）焊点的表面应整齐、美观。

①焊点表面整齐的标准

焊点应充满整个焊盘，并与焊盘大小比例合适，焊点的外观应光滑、圆润、清洁、均匀、对称、整齐、美观。满足上述三个条件的焊点，才算是合格的焊点。

判断焊点是否符合标准，主要应考虑以下几点：

●焊点的外观应圆润、光滑、对称于元器件的引线，无砂眼、无针孔、无气孔。

●焊点上没有裂纹、拉尖和杂质。

●焊点干净、无焊剂残渣，而在焊点表面上应有一层薄薄的焊剂。

●整个焊盘，形成对称的焊角。

●如果是双面板，焊锡还要充满过孔。

●如果是同样尺寸的焊盘，其焊点的大小和形状要均匀、一致。

●焊点的大小与焊盘要相适应，焊点上的焊锡要适量，如图5-6所示。

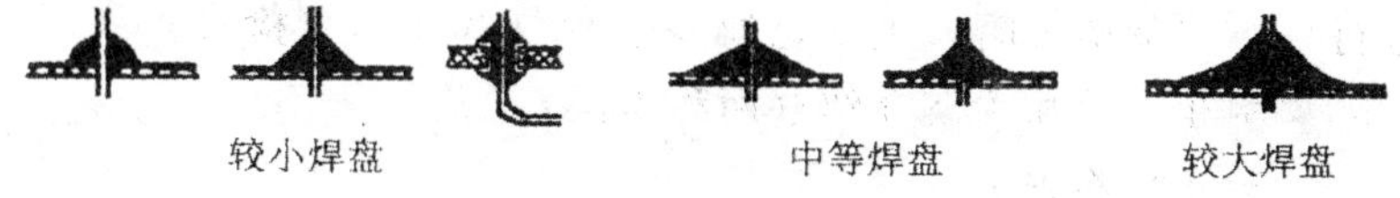

图 5-6　焊盘大小与焊锡用量及形状的关系

②合格焊点的形状。

下面是几种合格焊点的形状，如图5-7所示。

图 5-7　合格焊点的形状

（2）焊点应具有足够的机械强度。

为保证被焊件在受到振动或冲击时不至脱落、松动，要求焊点要有足够的机械强度。

一般的情况下，可采用把被焊元器件的引线端打弯后再焊接的方法，来增强焊点的机械强度，但不能用过多的焊料堆积，因为这样容易造成虚焊或焊点与焊点之间的短路。

（3）焊接要可靠。

要保证焊点具有良好的导电性能，必须使焊接可靠，防止出现虚焊。

（4）在焊接操作结束后，续工作一般应进行下列清洗和处理剪线，主要有：

①根据工艺要求选择清洗液清洗印制板。一般情况下，使用松香焊剂。

②进行焊接的印制板不用清洗。

③剪去多余引线，在剪切时不要对焊点施加剪切力以外的其他力。

④检查印制板上所有元器件、引线焊点，修补缺陷。

2. 焊接质量的检查

一般的情况下，为了保证焊接质量，焊后都要进行检查。在进行焊接质量检查时，主要是通过手触检查和目视检查，即可发现问题所在。下面主要介绍这两种方法：

（1）手触检查。

手触检查是指在用手指触摸元器件的时候，观察元器件有无松动、焊接不牢等现象。具体方法是：可用镊子轻轻拨动焊接部位，或夹住元器件引线轻轻拉动，观察有无松动现象。

手触检查的主要内容如下：

①引线和导线根部是否有机械损伤。

②检查焊点接合处是否有裂缝、元器件是否有松动等现象。

③导线、元器件引线和焊盘与焊锡是否结合良好，有无虚焊现象。

（2）目视检查。

目视检查主要是指从外观上检查焊接质量是否合格。如果条

件允许的话，建议用 3～10 倍放大镜进行目检。

目视检查的主要内容如下：

①焊点周围是否有残留的焊剂。

②焊接部位有无热损伤和机械损伤现象。

③是否有错焊、漏焊、虚焊。

④焊盘是否脱落。

⑤是否有连焊现象。

⑥焊点是否有裂纹，焊点是否有拉尖现象，焊点外形是否良好，焊点表面是否光亮、圆润。

六、焊接的注意事项

1. 焊接的顺序

焊接的一般顺序是：先小后大、先轻后重、先里后外、先低后高、先普通后特殊。

也就是说，先焊接轻便、小型的元器件和较难焊接的元器件，后焊接大型和较笨重的元器件。先焊接分立元器件，后焊接集成电路。对外连线要最后焊接。

例如，元器件的焊装顺序依次应是电阻器、电容器、二极管、三极管、集成电路、大功率管。

2. 焊接的注意事项

焊接印制板的时候，除遵循焊接的基本要领外，还要注意以下几点：

（1）在保证润湿的前提下，焊接时间应尽可能短，一般不要超过 3 s。

（2）电烙铁一般应选择内热式 20～35 W、恒温 230℃的，以温度不要超过 300℃为宜。接地线应保证接触良好。

（3）烙铁头形状应根据印制板焊盘大小而定。

（4）如果是耐热性差的元器件，应使用工具辅助散热。

例如，微型开关、CMOS 集成电路等元器件焊接前一定要处

理好焊点，施焊时注意控制加热时间，焊接动作一定要快。

还要适当采取辅助散热措施，以避免元器件因过热而失效。在焊接过程中用镊子、尖嘴钳等夹住元器件的引线，可以减少热量传递到元器件，从而避免元器件承受高温。

(5) 如果元器件的引线是经过镀金处理的，或是刚出厂的元器件，其引线没有被氧化，这样的元器件可以直接焊接，不需要对元器件的引线进行处理。

(6) 若集成电路不使用插座而直接焊到印制板上时，其安全焊接顺序应为“地端——输出端——电源端输入端”。

(7) 焊接时，绝缘材料不允许出现烫伤、烧焦、变形、裂痕等现象。

(8) 焊接的时候，不要用烙铁头摩擦焊盘。

(9) 焊接的过程中，应防止邻近元器件和印制板等受到过热的影响，对热敏元器件要采取必要的散热措施。

(10) 在焊料冷却和凝固前，被焊部位必须可靠固定，不允许摆动和抖动，焊点应待其自然冷却，必要时可采用散热措施以加快冷却。

(11) 待焊接完成后，及时对板面进行彻底清洗，以避免残留焊剂。

模块二　焊接质量的检查和拆焊方法

一、焊接质量的检查

在焊接结束之后，就要对焊点进行检查，以确认是否达到了焊接的要求。如果不进行检查，势必会存在许多隐患，所以，对焊接质量的检查是十分重要的。

对焊接质量的具体检查可从电路工作和外观两方面入手，下面具体谈谈这两方面的内容：

1. 电阻档检查

具体的检测方法为：

(1) 对于搭焊，主要测量不相连的两个焊点，看是否短路。

(2) 对于虚焊，主要测量引脚与焊盘之间，看是否开路；或是元件相连的两个焊点，是否与相应的电阻值相符（因为焊点之间可能接了电阻、半导体器件或其他元器件，本身之间有电阻值，需仔细判断）。

2. 加电检查

一些要求比较高的电路焊接，有时还需要加电检查，如元件体积小、焊接面狭小等。

加电检查的具体方法，主要是通过测量电压、电流等方式进行，也可以通过仪器、仪表进行。

在加电前，必须确认连线无误后才可以进行工作，否则可能引起新的故障，有时甚至会损坏仪器设备，造成安全事故。

3. 外观检查

外观检查的方法主要有：通过目测进行检查；有时需要用手摸摸，看是否有松动、焊接不牢；有时还需要借助放大镜，仔细观察。

外观检查主要是检查是否存在下列现象，如果有，则需要修复。下面主要介绍这些方面：

(1) 搭焊。

如图 5-8a 所示，焊锡相邻两个或几个焊点连接在一起的现象，就是搭焊。

一般的情况下，较容易发现明显的搭焊，但很难发现细小的搭焊，所以就要借助电性能的检测才能暴露出来。

造成搭焊的原因是多方面的，主要有：焊接温度过高，或者焊料过多。

搭焊的主要危害是：焊接后的元器件不能正常工作，甚至烧坏元器件，更严重的是危及产品安全和人身安全。

（2）焊锡过多。

这种焊接缺陷如图 5-8b 所示，焊锡堆积过多，焊点的外形轮廓不清，如同丸子状，根本看不出导线的形状。

造成焊锡过多的原因主要有：元器件引线不能润湿，或者是焊料过多，以及焊料的温度不合适等。

焊锡过多的危害主要是：极容易造成短路，可能包藏焊点缺陷、器件间打火等。

（3）毛刺。

如图 5-8c 所示，焊料形成一个或多个毛刺，而这些毛刺超过了允许的引出长度，将造成绝缘距离变小，尤其是对高压电路，将造成打火现象。

形成毛刺的原因是多方面的，主要有：焊接时间过长、焊料过多，使焊锡黏性增加，当烙铁离开焊点的时候，就容易产生毛刺现象。

毛刺的主要危害是：容易造成搭焊、器件间高压打火等。

（4）松香过多。

这种现象如图 5-8d 所示，焊缝中夹有松香，表面呈豆腐渣形状。

造成松香过多的原因主要是：在焊接时加焊剂太多，对焊盘氧化、脏污、预处理不良等。

松香过多的主要危害是：外观不佳，强度不够，导电不良。

（5）浮焊。

浮焊如图 5-8e 所示，是指焊点未能将两工件完全焊接成功，焊点没有正常焊点的光泽和圆滑，而是呈现白色细粒状，表面凸凹不平。

造成浮焊的原因主要是：焊料不足、焊接时间太短、焊料中杂质过多以及因焊盘氧化、脏污、预处理不良等，都可能引起浮焊。

形成浮焊后，将会导致：机械强度弱、导电性能不良，一旦

受到振动或敲击，焊料便会自动脱落。

（6）虚焊（假焊）。

虚焊如图 5-8f 所示，是指焊接时，焊点内部没有将两工件形成真正的合金，有的引线还可以上下移动。

造成虚焊（假焊）的原因主要是：焊接过程中热量不足，焊料的润湿不良；焊料太少；焊盘、元器件引线有氧化等都可能造成虚焊（假焊）。

形成虚焊（假焊）的危害主要有：虽然焊点能短时间维持导通，但随着时间的推延，最后变为不导通，甚至造成电路故障。

（7）空洞与气泡。

这种现象如图 5-8g、h 所示，引线的根部有喷火状的隆起，外部或内部有空洞。

造成空洞与气泡的原因主要有：焊盘的穿线孔太大，而器件引脚太小；焊接过程中温度不足，或焊料太少；焊盘、元器件引线氧化处理不彻底等都可能形成空洞与气泡。

其主要危害是：强度低、导电不良，长时间容易脱焊。

（8）铜箔翘起、焊盘脱落。

这种状况如图 5-8i 所示，铜箔从印制电路板上翘起，甚至脱落。

造成铜箔翘起、焊盘脱落的原因可能是反复拆除和焊接引起的；也可能是焊接温度过高、焊接时间过长造成的。

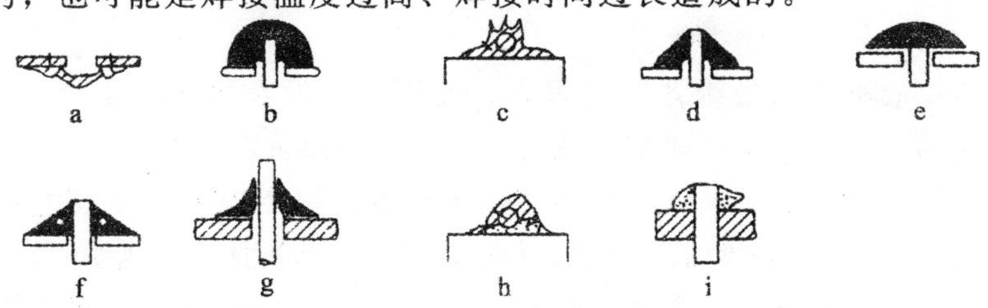

图 5-8　不合格焊点类型

a. 搭焊　b. 焊料过多　c. 毛刺　d. 松香过多　e. 浮焊

f. 虚焊　g. 空洞　h. 有气泡　i. 铜箔翘起

二、拆焊

拆焊，有时也叫解焊，它主要是指在电子产品的生产过程中，因为装错、损坏、调试或维修而将原焊上的元器件拆下来的过程。

由于拆焊的操作难度大，技术要求高，所以在实际操作中，主要应注意以下方面：

1. 拆焊的基本原则

拆焊的过程中，应注意以下原则：

（1）以不损坏元器件、导线和结构件，特别是焊盘与印制导线为前提。

（2）在拆焊的过程中，应尽量避免拆动其他元器件或变动其他元器件的位置，如确实需要，应做好复原工作。

（3）对已判断损坏的元器件，可将引线剪断再拆除，这样可减少其他器件损坏。

2. 拆焊的工具

用于拆焊的工具主要有烙铁、镊子、吸锡器、吸锡绳（用以吸取焊点或焊孔中的焊锡）以及基板工具（可用来切、划、钩、拧和通孔，借助电烙铁恢复焊孔）等。

3. 几种元器件的拆焊方法

下面主要介绍几种元器件的拆焊方法：

（1）集成电路拆焊。

一般可采用吸锡器吸尽焊料，或用空心针在加热的条件下，迅速插入引脚中，使印制电路板的焊盘与引脚分离。

如果是在没有辅助工具的条件下，也可以用焊锡将集成电路的一排或两排引脚加满焊锡，同时加热，用集成电路起拔器起下。因为这样拆焊，易损坏集成电路，所以一般情况下不推荐使用这种方法。

（2）阻容元件拆焊。

如果是采用卧式安装的时候，由于两个焊接点较远，可采用电烙铁分点加热，逐点拔出。

(3) 晶体管拆焊。

因为焊接点距离较近，所以，可用电烙铁同时交替加热几个焊接点，待焊锡熔化后一次拔出。

4. 拆焊的步骤

拆焊的具体步骤如下：

(1) 选用合适的电烙铁。

因为拆焊所需要的加热时间要稍长、温度要稍高，所以选用的电烙铁应比相应的焊接烙铁功率略大。

(2) 控制加热时间。

宜采取间隔加热法来进行拆焊。要严格控制温度和加热时间，以免将元器件烫坏或使焊盘翘起、断裂。

(3) 加热拆焊点。

如图 5-9a 所示，将烙铁平稳地靠近拆焊点，保护各部分均匀加热。

(4) 吸去焊料。

如图 5-9b 所示，当焊料熔化后，用吸锡工具吸去焊料。

值得注意的是，即使还有少量锡连接，在拆卸时也易损坏元件。

(5) 拆下元件。

如图 5-9c 所示，一般可直接用镊子将元器件拔下。

如果是在没有吸锡工具的情况下，则可以将印制电路板或可移动的部件倒过来，用电烙铁加热至焊料熔化后；在不移开烙铁的条件下，用镊子或其他工具，也可以将元器件拆下。

需要注意的是：在高温状态下，元器件的封装强度都会下降，尤其是陶瓷器件、塑封器件、玻璃端子等，如果用力拉、摇、扭的话，都会损坏元器件和焊盘。

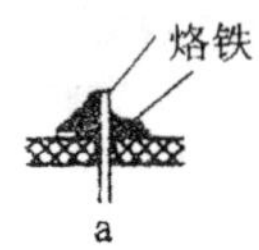

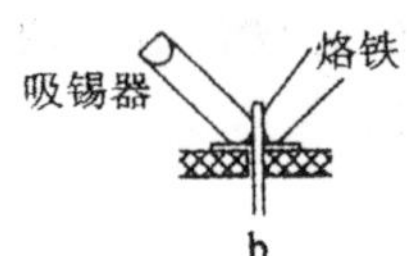

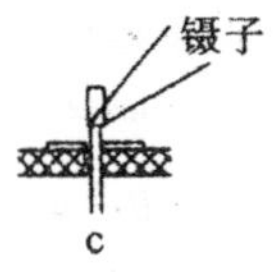

图 5-9　拆焊示意

a. 加热　b. 锡　c. 拆下

当然，在拆焊的过程中，要尽量做到不损坏元器件与焊盘；如果是在元器件损坏的情况下，可先剪断引脚，然后再抓焊点上的线头。

模块三　几种常用焊接简介

一、导线焊接

在电子产品装配中，导线焊接占有重要的位置。因此，熟练掌握导线焊接的方法，显得尤为重要。

1. 导线焊前处理

在电子装配中，常用连接导线主要有三类：单股导线、多股导线、屏蔽线。导线在焊接前的准备工作主要包括以下几点：

（1）剥绝缘层。

在大规模工业生产中采用专用机械剥绝缘层。如果是手工剥线，可用普通工具或专用工具。根据焊接的需要，用普通扁口钳或剥线钳，剥出导线末端绝缘层 2～4 cm。

用普通扁口钳剥头时，要边旋转边剪，用力要均匀，力度要不重不轻，否则易损坏屏蔽线；用剥线钳剥头时，要选用合适的孔号。

在分离屏蔽线时，用镊子顺绕线方向慢慢剥开，不可用剪刀剪开。屏蔽线的剥头工艺如图 5-10 所示。

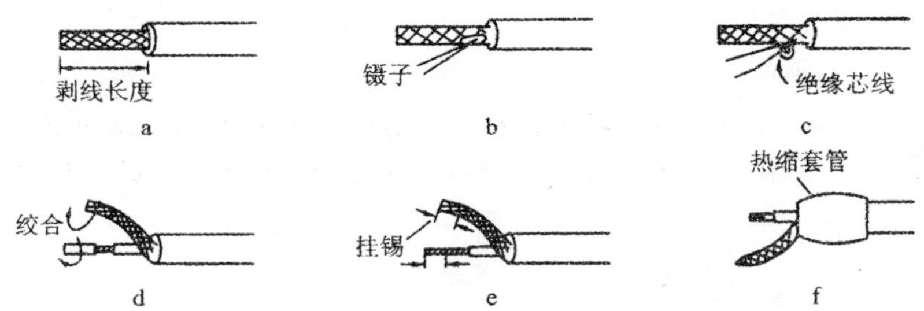

图 5-10　屏蔽线剥头工艺

值得注意的是：多股线及屏蔽线不能断线；单股线不应损伤导线。对多股线剥去绝缘层时，注意将线顺线芯的原来旋转方向拧成螺旋状。

（2）镀锡。

在导线的焊接中，关键是镀锡，尤其对多股导线。如果没有进行镀锡处理，焊接容易散开，像扫帚一样，焊点大，不美观，特别容易形成搭焊，造成元器件之间短路。

导线的镀锡方法同元器件引脚一样，但要注意的是：多股线挂锡时要边上锡边旋转，旋转方向同拧绞方向一致。

2. 导线焊接的方法

导线的焊接主要有以下几种：

（2）导线与焊片的焊接。

根据焊片的大小、形状、连接方式，一般有 3 种基本焊法，主要介绍如下：

①绕焊。

如图 5-11a 所示，焊接前将经过上锡的导线端头在接线端子上缠一圈，用镊子拉紧，缠牢后进行焊接。

值得注意的是：绝缘层不接触端子，导线一定要紧贴端子表面，绝缘层一般距端子 1～3 mm 为宜，这种连接可靠性最好。

②钩焊。

如图 5-11b 所示，将导线端子弯成钩形，钩在接线端子上并

用钳子夹紧后施焊。

③搭焊。

如图 5-11c 所示，搭焊这种连接方法最方便，但强度可靠性最差，仅用于临时连接或不便于缠、钩的地方以及某些接插件上。

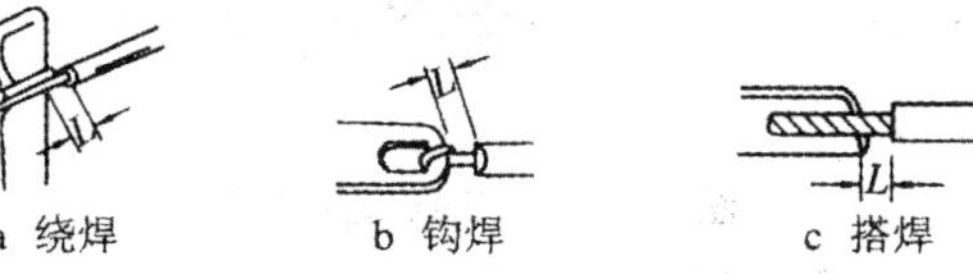

图 5-11 导线与焊片间的焊接

（2）导线与导线的焊接。

导线与导线的焊接方式如图 5-12 所示，具体焊接步骤如下：

①首先，去掉一定长度的绝缘皮。

②然后，根据需要采用绕接方式。

③接着，加热导线，然后施焊，一般采用绕焊。

④最后，趁热套上套管，冷却后套管固定在接头处。

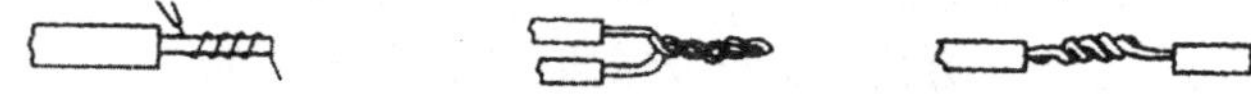

图 5-12 导线与导线的焊接

（3）导线与印制电路板的焊接。

导线与印制电路板的焊接，同元器件与印制电路板的焊接一样。

二、印制电路板的焊接

1. 印制电路板焊前的准备工作

（1）检查印制电路板。

检查印制电路板主要包括以下内容：

●检查印制电路板是否符合要求，图形、孔位及孔径是否符合图纸，表面处理是否合格，有无污染、变质和断裂。

●元器件的品种、规格及外封装是否与图纸吻合。

●元器件引线有无氧化、锈蚀。

(2) 印制电路板、元器件去氧化层与上锡。

由于元器件、印制电路板长期存放，其元器件引线和印制电路板的焊盘的表面吸附有灰尘、杂质或者在被氧化后，形成了氧化层。因此，元器件在装入印制电路板前，需要对引线脚进行浸锡处理，以保证不虚焊。

去氧化层的具体方法是：

①首先，用小刀或锋利的工具，沿着引线方向，距离器件引线根部2～4 mm处向外刮，一边刮，一边转动工件引线，将引线上的氧化物彻底刮净为止。

②要注意刮引线脚的时候，不能把工件引线上原有的镀层刮掉，见到原金属的本色即可。同时，不能用力过猛，以防将元器件的引线刮断或折断。

③接着，将刮净的元器件引线及时蘸上助焊剂，放入锡锅浸锡，或者用电烙铁上锡。

④不论采用哪种方法，上锡的时间都不能过长，以免元器件因过热而损坏。尤其是半导体器件，如晶体管在浸锡时用镊子夹持引线脚上端，以帮助散热。

⑤在操作时，有些元器件，还应注意保护，如焊接CMOS管，要带防静电手腕，使用的工具如改锥、钳子，不能划伤印制电路板铜箔等。

2. 印制电路板的焊接方法

在焊接印制电路板的时候，除应遵循锡焊的基本要领外，还要注意单面板的元器件应装在印制电路板的反面（即无铜箔面），引线穿过洞孔与焊盘连接。焊接时的主要注意事项有：

(1) 加热方法。

加热的过程中，应尽量使烙铁头同时接触印制电路板上铜箔和元器件引线。

焊接时对较大的焊盘，可移动烙铁头，即烙铁绕焊盘转动，

以免长时间加热，造成局部过热。

（2）耐热性差的元器件应使用工具辅助散热。

（3）电烙铁。

电烙铁一般选用内热式（20～35 W）或恒温式，烙铁头的温度以 300℃为宜。

烙铁头的形状应根据印制电路板焊盘大小选择凿形或锥形。目前，印制电路板发展趋势是小型密集化，一般常用小型圆锥形烙铁头。

（4）焊锡丝。

焊锡丝一般选用含锡量为 39%～41%的 58－2 锡铅焊料。

（5）双面板的焊接。

对两层以上的电路板的孔，都要进行金属化处理。

焊接的过程中，可采用单面板的焊接方式，不仅要让焊料湿润焊盘，使孔充分湿润，焊料从孔的一侧流到另一侧；当然，也可以两面焊接，但要充分加热，排尽孔中的气体，以免产生气泡，造成虚焊，如图 5-13 所示。

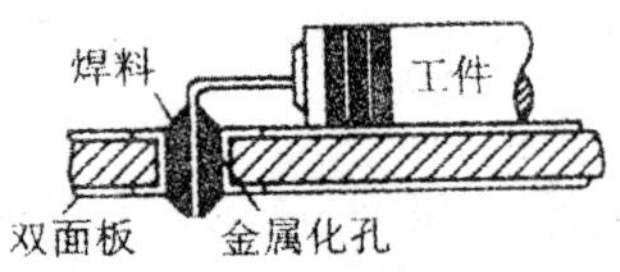

图 5-13　双面板的焊接示意

3. 印制电路板的焊后处理

待印制电路板焊接完毕后，还要注意焊后的处理工作，主要包括：

（1）注意清洁印制电路板。

（2）剪去多余引线，同时注意不要对焊点施加剪切力以外的其他力。

（3）检查印制电路板上所有元器件引线焊点，修补缺陷。

模块四　电子产品的装接生产流程简介

电子产品的装配生产主要包括：准备工艺、焊接、调试、总装、检验等。其具体的生产流程为：电路设计→试装检验→批量采购元件→准备工作→插装与焊接→单板检测→整机装接→调试→验收→封装。下面具体介绍每个环节：

一、电路设计与试装检验

这个工序主要由开发部门完成，而且该部门对专业技术要求非常高。

二、批量采购元件

这个工作主要由配套部、品技部共同完成。在这个过程中，既要保证元件的质量，又要保证元件的配套数量及价格。

三、准备工作

电子装配的准备工作主要包括对元件进行检测筛选、元件的引脚镀锡、各种导线的加工准备等。

四、插装与焊接

这个工种的人数是最多的，他们的任务主要是对元件进行整形、识别元件对号插装，然后用电烙铁进行焊接，剪切元件引脚。

五、单板检测

电路板安装好后，对其进行电阻检测、通电电流检测、关键点电压检测，先进的生产线采用电脑全自动检测打印故障元件。

无故障电路板传输给整机装接工，有故障元件板交给维修工

换件维修。

六、整机装接

这个流程的任务主要是将电器的几块电路板用导线连接、加装外壳、电路调试等。

七、验收和纸箱封装

总之，作为一个电子装接工，应该具备识别电子元件的能力，学会电子元件的成型和插装工艺，熟练掌握电烙铁焊接技能，并能够进行电烙铁的维修和烙铁头的修整。